新娘 化妆造型完全攻略

BRIDE MAKEUP & HAIRSTYLE

Sun·视觉设计 编著

人民邮电出版社

北京

图书在版编目（CIP）数据

新娘化妆造型完全攻略 / Sun I视觉设计编著. --
北京 ：人民邮电出版社，2015.8
ISBN 978-7-115-39181-0

Ⅰ. ①新… Ⅱ. ①S… Ⅲ. ①女性－化妆－造型设计
Ⅳ. ①TS974.1

中国版本图书馆CIP数据核字(2015)第142986号

内 容 提 要

　　《新娘化妆造型完全攻略》是一本关于新娘形象设计的专业图书。全书由浅入深地讲解了妆面及发型设计的各个基础知识要点，并结合当下流行的风格，详细讲解了各类妆面及发型设计的技法。全书分为两大部分，共有 7 章。第一部分为新娘美妆，共有 3 章，分别为化妆基础、化妆的基本流程和新娘妆的制作。该部分从理论的角度讲解了面部结构、色彩搭配、化妆工具的相关内容，介绍了底妆和五官绘制的基础知识，而且紧随当下的时尚与潮流，介绍了 6 款妆面的详细制作过程。第二部分为新娘造型，共有 4 章，分别为不得不知的发型制作基础、不同长度的新娘发型、经典新娘发型和不同风格新娘发型。该部分从基础知识着手，由易到难地讲解了 47 款流行的新娘发型的制作方法。

　　本书适合初、中级形象设计师阅读，也可以作为自学者的学习用书，同时还可作为准新娘的参考用书。

◆ 编　著　Sun I 视觉设计
　　责任编辑　赵　迟
　　责任印制　程彦红

◆ 人民邮电出版社出版发行　　北京市丰台区成寿寺路 11 号
　　邮编　100164　　电子邮件　315@ptpress.com.cn
　　网址　http://www.ptpress.com.cn
　　北京市雅迪彩色印刷有限公司印刷

◆ 开本：787×1092　1/16
　　印张：10.5
　　字数：327 千字　　　　　　　　2015 年 8 月第 1 版
　　印数：1– 2 000 册　　　　　　　2015 年 8 月北京第 1 次印刷

定价：69.00 元

读者服务热线：(010)81055410　印装质量热线：(010)81055316
反盗版热线：(010)81055315

前　言

成为美丽动人的新娘想必是每个女人的梦想。绚丽的婚礼布置、闪亮的追光灯、娇羞迷人的妆容和别致动人的发型，这些都是完美婚礼所必备的，而一款适合新娘的妆面和发型是完美新娘的必备法宝。

本书简介

本书通俗易懂，它将带你进入新娘妆与新娘发型的学习中。它从初级与中级形象设计师的角度出发，开篇详细讲解了妆面与发型的基础知识，并通过案例的分析，详细到每一个细小环节，以确保将基础知识讲解透彻。之后，本书对6款时尚妆容和47款经典发型进行分步讲解，即使是零基础的自学者也能很快掌握。

本书的编排思路

本书共有7章，分为妆面和造型两个部分。其中，妆面部分共有3章，分别为化妆基础、化妆的基本流程和新娘妆的制作；造型部分共有4章，分别为不得不知的发型制作基础、不同长度的新娘发型、经典新娘发型和不同风格新娘发型。以上都是从基础着手，由易到难地进行讲解。通过这样系统的学习，新娘形象设计师可以快速地掌握其中的技巧。

本书的主要特色

（1）新娘美妆部分，本书从理论的角度讲解了面部结构、色彩搭配、化妆工具的相关内容，介绍了底妆和五官绘制的基础知识，而且紧随当下的时尚与潮流，介绍了6款妆面的详细制作过程。

（2）新娘造型部分，本书不仅讲解了基础的头发分区方法，以及扎马尾、包发、卷发等技法，而且通过47个案例全面地讲解了各种风格的新娘造型，并以详细的步骤展示了每一组造型的制作过程。

本书适用范围

本书适用于影楼的化妆造型师，同时也可以作为自学者的学习用书。本书是一本实用性很强的专业美妆造型图书。

致谢

在此感谢魅俪国际彩妆的彭涛、成杰、彭定凤、罗征勋老师，以及摄影师王煜章的大力支持，同时也感谢模特宋燕燕、王亚、林嘉宝、汤静静、颜亚琴、韦玮玮、王晓艳和李珍等的倾力协助。

编　者
2015年4月

目　录

第1章 化妆基础

化妆自古以来就是人们修饰、提升自我的一种方式，尤其是待嫁的新娘。如果画出来的妆与新娘的气质相配，就能够展现新娘的个性，使新娘更加美丽动人。

本章将带领大家进入化妆的世界，了解这神奇的化妆术是如何炼成的。从化妆的概念、分类到作用；从化妆与三庭五眼的关系；从化妆与绘画的关系，再对常用的化妆工具进行了解，逐步进入到化妆的神奇世界。

1.1 初识化妆

在这里，读者可以了解化妆的概念，从根本上理解什么是化妆，知道化妆的基本分类是以不同的环境和人物设定来确定的，并了解化妆的分类方式。

1.1.1 化妆的概念

化妆就是运用化妆品及相关的工具，采取合理的步骤、技巧并结合艺术的手法，对人物面部的五官进行晕染、描画和整理，掩饰自身缺陷，从而达到美化的目的。

从古至今，化妆在女性的生命中占有十分重要的地位。在现代人的生活里，不仅是女性，男性也加入了化妆的行列。化妆不仅是一种美化的方式与技巧，它更是一种礼仪、一种时尚，它还展现了一种对生活的态度。

1.1.2 化妆的分类

通常我们将化妆以不同场合分为多种类型，其中最重要的两大类为日常生活妆和艺术表演妆。

日常生活妆包含了在特定环境下的生活妆、新娘妆和晚宴妆等。生活妆也就是日妆，妆容自然真实，在日常光源或者近距离观察下显得精致。日妆在大多数情况下都是妆面较为简洁、清新，整体上让人感觉清爽。新娘妆则是在结婚庆典当天新娘的妆容，是与婚礼的风格和身着的服饰相搭配的妆容。晚宴妆通常是在出席晚上的聚会、宴会等而打造的妆面。由于灯光的映衬，妆面比日妆更浓重一些，主要在于突出眼妆的效果。

艺术表演妆则用于影视、舞台等特定的场合。其妆容更加夸张、浓厚，充满创造力和想象力。

1.2 化妆的作用

化妆的作用首先在于"扬长避短"。一名优秀的化妆造型师需要有敏锐的观察力，能够发现每个人自身的优势及潜质，扬其所长，把这个人自身的优点尽可能地放大，突出其自身鲜明的特点。

人无完人，大部分人的容貌总会有缺点，化妆就是用专业的手法将不足之处进行掩盖或修饰。当化妆师将客人的自身优点放大，而很好地掩盖了其缺点时，这样的妆面就是成功的。化妆除了"扬长避短"外，还要根据不同的场合、环境打造出恰当的妆容。精致恰当的妆容在现代社会中能够提升人们的气质，表现出昂扬自信的精神面貌，并给人带来美好的视觉享受。

在影视戏剧等典型环境中，化妆的作用则是更直接地表现影视、戏剧中人物角色所处的环境及所遭遇的境况。在这类妆容的处理中，需要反复地理解角色与作品的关系。好的妆容既能够激发表演者的表演与创作热情，又能够通过角色拉近观众与作品的距离，让观众能够充分地融入到作品中。

1.3 化妆与三庭五眼之间的关系

对于人的五官的位置、比例及大小，通常用"三庭五眼"来描述。

"三庭五眼"中，"三庭"是指从发际线到眉毛、眉毛到鼻尖、鼻尖到下巴的三等分线；"五眼"则是指面部双耳间的直线距离大约为五只眼睛的距离。

"三庭五眼"是人的脸长与脸宽的一般标准比例，如果不符合此比例，就会与理想的脸形产生距离。但是实际情况中，大部分人的面部比例与标准比例总是存在差距，所以就需要用化妆来弥补这个不足。

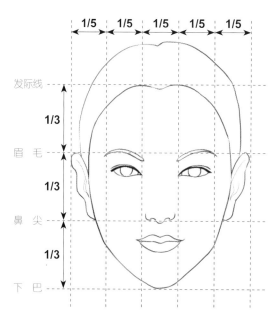

发际线所在高度一般为上头顶到眉毛上端距离的 1/2 处。

耳朵上端与眉毛上端通常处于同一水平线上。

1.4 化妆与绘画之间的关系

随着化妆造型的技法越来越趋于系统化的学习和发展，在化妆造型的学习中增加绘画知识的学习，将能够帮助化妆造型师更科学、更系统地设计和实践化妆造型。运用绘画中的基础知识来体现人物造型，可以更体现专业性。

1.4.1 化妆和素描

广义的素描是指一切单色的绘画。狭义的素描专指在学习美术技巧的时候，为探索造型规律、培养专业习惯而进行的一种绘画训练。

素描是所有造型艺术的基础，它是通过明暗交界线和明暗变化来塑造形体。化妆的目的在于塑造人物形象，具有一定的实用性和审美性。掌握扎实的绘画知识有助于学好化妆。

通过绘画的练习能够培养化妆造型师敏锐的观察力，再进一步掌握美的基本原则、基本规律和表现技巧，化妆造型师就能在化妆造型中灵活地运用绘画的造型技巧，准确地表现人物的形态、比例、明暗和色彩等。

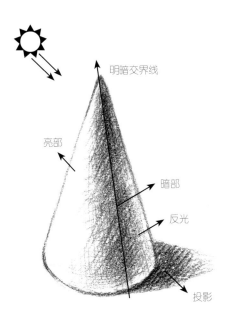

1.4.2 线条和明暗

线条是绘画中最基础的表现形式，不用添加任何色彩，仅依靠线条的不同重叠便能展现出物体的形态、质地、体积。这需要对所画对象有深刻的认识和了解，才能将物体的内部结构和透视变化表现出来。

自然界的物体都具有一定的形态和体积。任何体积都由大小不同的面组成。在光的照射下，物体会有不同的光影效果：受光部分明亮，背光部分灰暗。受光部分接受的光照程度不同，会有强弱之分；背光部分由于物体受环境的影响，有不同的反光，所以其阴暗部分也有不同的强弱。这就形成了不同的明暗对比关系。通过对明暗对比关系的塑造，人们得以在二维的平面上展现三维的立体效果。

1.5　了解化妆与色彩的关系

色彩是装饰我们生活空间的一个非常重要的元素。色彩与其他元素的搭配如果恰当适宜，那么将给人们带来美的享受。在化妆造型中，色彩的运用是否适宜、搭配是否恰当，将直接影响最终的视觉效果。下面我们将系统地了解一下色彩的原理。

1.5.1　色彩的三要素

任何色彩都具备三个基本要素，即色相、明度和纯度，通常称为"色彩的三要素"或"色彩的三属性"。

色相

色相是色彩的最大特征，所谓色相就是各种颜色之间的区别，也是不同波长的色光被感觉的结果。

在可见光谱中，红、橙、黄、绿、蓝、紫构成了色彩体系中最基本的色相。按照不同颜色间色彩的差异与变化特点，以顺时针的方向连续旋转，即可形成一个色相环。色相环的构成有多种形式，常见的色相环有12色和24色。化妆中的色盘也是以基本色相为基础构成的，色盘中色彩的运用主要在眼影、腮红、唇色等部分表现，无彩色则更多是运用在妆面的立体处理上。

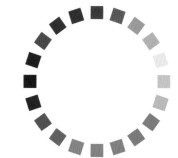

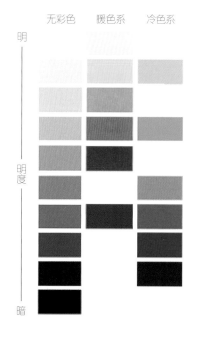

明度

明度是针对色彩的亮度而言。色彩的深浅和明暗取决于反射光的强度，任何色彩都存在明暗变化。明度值越高，色彩越明亮；明度值越低，则色彩越暗。

同一种色相会有不同的亮暗差别。无彩色的明暗关系为黑色最暗，过渡的灰色为中级明度，白色明度最高，其过程表现为渐变效果。

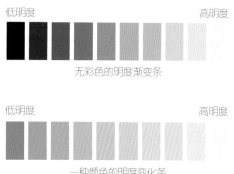

无彩色的明度渐变条

一种颜色的明度变化条

纯度

纯度是指色彩的鲜艳程度，也称为色彩的饱和度、彩度、含灰度等，它是灰暗与鲜明的对照。纯度取决于色彩中含色成分和消色成分的比例，其中灰色含量越少，饱和度越高，色彩就越艳丽。

有彩色中的色彩，不掺杂白色或黑色，被称为"纯色"。

在纯色中加入不同的无彩色，就会出现不同的纯度。通常我们将纯度划分为9个阶段，其中1~3阶段的纯度为低纯度；4~6阶段的纯度为中纯度；7~9纯度的纯度为高纯度。

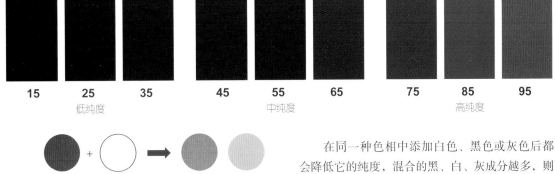

15	25	35		45	55	65		75	85	95
	低纯度				中纯度				高纯度	

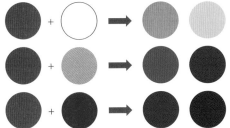

在同一种色相中添加白色、黑色或灰色后都会降低它的纯度，混合的黑、白、灰成分越多，则色彩的纯度就越低。以红色为例，在加入白色、灰色和黑色后，其纯度都会随之降低。

化妆中，通过这种形式的调色能够变化出更多的色彩，以补充原本色盘中色彩不足的部分。

1.5.2 色彩搭配五原则

选择什么样的色彩进行搭配，最大程度上是取决于化妆师所需要传达的信息。合理地对色彩进行搭配，将为造型设计增光添彩。下面为大家分析4种常见的色彩搭配原则。

同类色搭配

在同一色相中，只有明度的深浅变化构成的配色效果为同类色配色，在24色色相环上的距离角度在15°以内。

同类色的搭配适用于生活妆、新娘妆。由于色差较小，给人以含蓄、雅致的感觉。

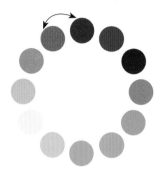

类似色搭配

在同一色相环上，色相之间的间隔角度在30°左右，如黄与黄绿、蓝与蓝绿等，其搭配效果为类似色配色。

类似色相对同类色更为活泼一些，但还是会给人和谐、柔和的视觉效果，也适用于生活妆。

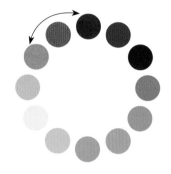

邻近色搭配

在同一色相环上，色相之间的间隔角度在60°到90°之间，所呈现的对比效果则为邻近色配色。

邻近色在弱对比配色中比同类色和类似色更强一些，适用于生活妆和新娘妆。

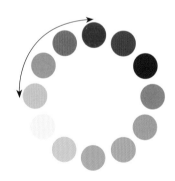

对比色搭配

在同一色相环上，色相之间的间隔角度处于120°到180°之间，这样的色彩组合就称为对比色，如红与黄绿、红与蓝绿等。

对比色由于自身色感强烈，色彩显得饱满而丰富，容易带给人强烈的兴奋和明快的视觉感受，因此适用于聚会、T台等。

互补色搭配

在同一色相环上，色相之间的间隔角度处于180°，这样的色彩组合就称为互补色，如红与绿、黄与紫等。

互补色由于极端的色彩搭配，容易带来富有刺激性的视觉效果，整体给人感觉活跃、生动、华丽。在中国民间传统艺术中，互补色的运用经常出现。

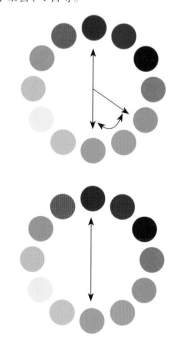

1.6　了解化妆工具

粉底刷

作用：蘸取粉底在脸部涂刷。

使用方法：在脸部呈X形区来回轻扫。注意力度的掌握。适用于专业的化妆师。

海绵扑

作用：涂抹粉底。

使用方法：在使用前用水将海绵扑浸湿，然后挤掉多余的水分，约保留1/5的水分。将海绵扑蘸取粉底进行涂抹，使粉底更贴合人的皮肤，让妆面更伏贴。

干粉扑

作用：多为圆形，应设有夹层或带子；使用时可以用手指勾住进行扑粉，也可用带子固定在手底部，这样在化妆时不会将脸部的底妆弄花。

使用方法：将蘸取散粉的粉扑对折，目的是使散粉揉进粉扑，然后将多余的散粉除去，轻拍脸部，从而达到定妆的目的。

蜜粉刷

作用：定妆时使用。可达到比粉扑更匀净、更自然的效果。

使用方法：将蜜粉刷蘸取蜜粉，轻轻甩去多余的粉质，以轻弹的方式将蜜粉涂于面部。最后从上至下将多余的蜜粉刷去，使蜜粉与粉底融合，表现出自然的妆容。

腮红刷

作用：刷腮红。

使用方法：使用腮红刷蘸取适量的腮红，从笑肌最高处向外轻扫。

轮廓刷

作用：轮廓刷主要是为了突出脸部轮廓。用轮廓刷可以使脸部的妆容更立体、更柔和，将脸形修饰得更完美、更靓丽。

使用方法：在脸上涂抹腮红后，其色彩的表现有时会十分明显，因此需要用轮廓刷来淡化腮红的边缘。

美目贴

作用：调整眼形。美目贴是具有透气性的透明胶带，可以将单眼皮粘贴成双眼皮或是增大双眼皮的形状。市面上有成卷或是成形的美目贴，对于专业化妆师来说，用成卷的美目贴可以根据自身需要剪出所需要的形状。

使用方法：用小剪刀根据客人的眼形剪出宽窄不一的形状，并粘贴在上眼睑上。

圆头眼影刷

作用：蘸取眼影，并涂刷在眼部，达到使眼线、眼影与眼周充分融合的作用。

使用方法：先用大号眼影刷，蘸取浅色眼影，并做大面积的涂染，然后选用较小一号的眼影刷，蘸取较深颜色的眼影，从眼睑根部向外涂染，并使色彩由深及浅地自然过渡。

海绵眼影棒

作用：涂抹眼影，其海绵形状多为椭圆形。用海绵眼影棒涂抹眼影可以使眼影更伏贴，涂抹的速度也会更快。

使用方法：用海绵眼影棒蘸取适量眼影，在眼部轻轻地涂抹并晕染。

睫毛夹

作用：将睫毛夹卷翘。

使用方法：将上睫毛放入睫毛夹的夹头部，让睫毛夹头部的弧度适应眼部的弧度，然后从睫毛的根部、中部和尾部分别用力挤压睫毛夹手柄。要注意控制力度，否则夹出的睫毛会呈直角，很不自然。

眼线刷

作用：描画眼线。

使用方法：用眼线刷蘸取适量眼线膏（粉），涂在眼睑部位。使用眼影粉的时候，需注意要蘸取适量的眼影粉。

眉粉刷

作用：眉粉刷通常为平直的斜角刷头，比眼影刷的用毛更硬。在绘制眉形时，利用其斜角的特点描绘出恰当的弧度，使绘制出的眉毛更为自然。

使用方法：用眉粉刷蘸取适量的眉粉，根据眉毛的走向均匀地涂抹眉粉。

睫毛刷与眉梳

作用：梳理睫毛和眉毛。

使用方法：其两端具有不同的功能，分别用于整理睫毛和眉毛。如果眉毛过于杂乱，可在使用眉梳时涂抹定型胶，再梳顺眉毛。睫毛刷通常在涂抹睫毛膏之后用于整理睫毛。

睫毛胶

作用：粘贴并固定假睫毛。

使用方法：在修剪好的假睫毛根部涂上一层薄薄的睫毛胶，过10~30秒，将假睫毛的中心部位粘贴在眼睛中部睫毛上方0.5~1毫米的位置，再分别沿眼形粘贴眼头和眼尾的假睫毛。

修眉刀

作用：修眉形。

使用方法：用大拇指、食指和中指握紧刀背，然后沿眉毛生长的方向轻轻地修出眉形。

唇刷

作用：涂抹唇膏。

使用方法：用唇刷先精细地描绘出唇形边缘线，并将唇膏由里向外涂于下唇，然后用同样的方法涂抹上唇。使用过程中，注意力度不要太大。

第 2 章　化妆的基本流程

在正式进入"新娘妆"的章节之前，我们先从一些化妆的基本流程开始学习化妆的基础知识。通过对化妆中底妆、眼眉的处理、立体修饰、唇部等几个重要的化妆板块进行分析，从理论上了解化妆的基础操作。

本章将为大家具体讲解化妆处理流程中的一些规范操作，其具有一定的通用性，同时结合化妆的理论知识让读者在基础步骤中掌握化妆的关键技术。

2.1　底妆的处理

底妆作为一个妆面的基础，在于统一整个面部的肤色。由于根据人自身的因素而有不同的肤色和肤质，所以在处理底妆之前需要了解如何选择恰当的粉底，并在进行底妆的操作时掌握不同区域的处理手法。

2.1.1　粉底的选择

俗话说，"一白遮百丑"，对于不同的肤质和肤色，粉底的选择相当重要。在粉底的选择上，通常有以下两个重点需要把握。

遮瑕

遮瑕是底妆处理中一项非常重要的内容，遮瑕是用遮瑕膏遮盖粉底盖不住的瑕疵。使用遮瑕膏通常放在打粉底之前，用于调和肤色，使皮肤色泽均匀。

常用的遮瑕膏有肉色、淡紫色、淡绿色和淡黄色等。在使用时需要少量而多次地取用遮瑕膏，避免在使用后出现明显的肤色差异。使用化妆海绵少量蘸取遮瑕膏，并轻轻地擦按至皮肤上。擦按遮瑕膏的动作要尽量轻柔，使遮瑕膏均匀地覆盖在皮肤上。面部的遮瑕顺序为眼周—鼻窝—嘴角—面部有斑点的部位。

肉色	遮盖能力很强，与粉底有些类似，但是容易使皮肤失去透明感。
淡紫色	对偏黄的肤色能够起到一定的抑制和遮盖作用。
淡绿色	对发红的皮肤有抑制和遮盖作用。
淡黄色	对于各种皮肤的瑕疵的遮盖效果都很好，而且不影响皮肤的透明感，浓妆、淡妆均适用。

粉底颜色的选择

粉底颜色选择的基本原则是选择与肤色相接近的粉底色。因为粉底过白会让人的面部皮肤与脖颈的皮肤产生巨大的对比，导致如同戴了一张白色的面具一般，即使其他妆面处理得再精致也会给人以很假的感觉。

粉底颜色过深则会使肤色显得过暗，也不能正确表现人物的气色。所以，选择与肤色颜色相近并在原有肤色色号上选择稍有提亮效果的粉底是最佳的，这样既能够美化肤色，又能够体现自然真实的效果。

粉底分为基础粉底和立体粉底这两大类。基础粉底的作用在于对基础肤色的整体修饰，而立体粉底则是基于基色所使用的亮色与影色。亮色是比基色浅的粉底色；影色则是比基色深的粉底色。活用亮色与影色可以实现具有立体结构的面部与修饰出理想脸形。

常见的粉底包括粉底膏、粉底液等多种形式。不同品牌的粉底产品，其色号也有不同。流行的日妆将粉底色分为象牙白色、自然色等，而作为专业化妆师，对粉底的分色会更细，如3、4、8种色的粉底色均有。

2.1.2　基础打底与矫正肤色

基础打底是对基础粉底的涂抹与处理，在打底的过程中能够实现皮肤的瑕疵掩盖、肤色修饰等功能。

下面详细介绍打底与矫正肤色的步骤。

新娘上妆前

基础打底后

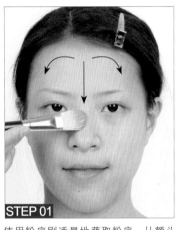

STEP 01

使用粉底刷适量地蘸取粉底，从额头中心位置依次向额头两侧及鼻子处涂抹粉底，将粉底均匀地铺开并覆盖皮肤。

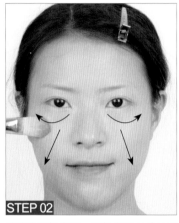

STEP 02

继续使用粉底刷，将粉底均匀地从眼部下方眼头的位置向眼尾、从脸颊的中心向两侧进行涂抹。

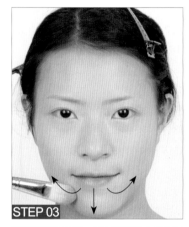

STEP 03

继续使用粉底刷，对下巴部分由内至外涂抹，并适当地按压粉底刷，使粉底更伏贴。

STEP 04

用海绵蘸取适量粉底，填补用粉底刷涂抹时留下的空隙。同样是由额头开始涂抹。

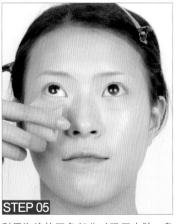

STEP 05

利用海绵的圆角部分对眼周皮肤、鼻窝等细节部位进行粉底的填补和涂抹。

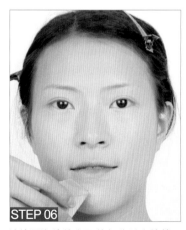

STEP 06

继续用海绵的大面的部分适当地按压整体底妆，使粉底更伏贴于皮肤。

2.1.3 立体打底与定妆

立体打底是在基础打底之后进行，其作用是进一步突显面部立体结构，并且是脸形修饰的一种粉底处理。分别对脸颊、鼻子等部位进行局部明暗处理，在打底完成后，用定妆粉为妆面定妆，使妆面自然持久。

立体打底

立体打底是利用素描绘画中的明暗关系，用深浅不一的粉底在脸部的层次部位增强高光和阴影部分，使人物面部整体更具立体感、五官层次更分明。立体打底分为两个部分，分别是提亮与暗影。

提亮的面积不能过大，否则会影响整个妆面效果。提亮的色彩通常是比基色浅的颜色，所谓的"浅"就是相对于基色的浅色，根据基色的颜色选择合适的相对浅的颜色。提亮的部位通常是人物面部的正面，包括额头、鼻梁、眼睛下方、下颚和脸颊中略为凹陷的部分。

暗影的作用是缩小面部并增强面部的立体感。暗影的色彩通常比基础色深。添加暗影的面积要根据脸形的大小来确定，过小的暗影起不到很好的收脸效果，而如果暗影过大则可能看起来很不自然，造成失真的效果。

对于五官立体感不太强的亚洲人，打暗影的部分主要是在眉头下方、鼻梁两侧及腮部，还有那些需要让脸部凹陷的局部。

定妆

定妆是用定妆粉对整个底妆进行固定，使整个妆面自然持久。定妆粉就是我们常说的"散粉"，用于吸收粉底中所包含的油分及水分，使妆面在皮肤上更牢固、更持久。

在选择合适的定妆粉时，需要先了解其肤质再进行选择。如果是毛孔较粗大的皮肤，需要选择颗粒较粗的散粉；如果皮肤比较细腻，则选择颗粒较细的散粉。

散粉的颜色分为无色、有色与珠光。无色的散粉在使用之后并不改变底色，容易与粉底融合，主要用于定妆；有色的散粉，颜色选择与粉底的颜色选择有一定的相似性，象牙白色适用于较为白皙的皮肤或底色，紫色适用于肤色或底色偏黄的，绿色适用于肤色或底色偏红的；橘色适用于在暖色光源下或是晚妆，能使皮肤更显自然红润；粉色适用于增加皮肤的娇嫩感，使面色红润，适用于新娘妆与少女妆等；珠光散粉适用于皮肤凹凸不平或是脸部略肿的情况，能够增加皮肤的质感，使肤色富有光泽。

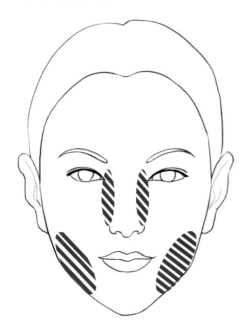

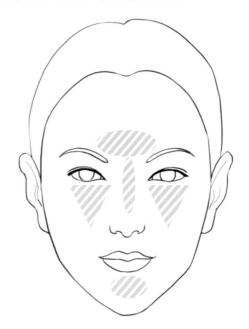

下面介绍立体打底及定妆的详细操作步骤。

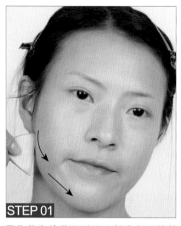

STEP 01

用化妆海绵蘸取适量比粉底色深的粉底膏，沿耳根部向腮部涂抹暗影；颜色最深的区域在外轮廓上，往下往里依次减弱。

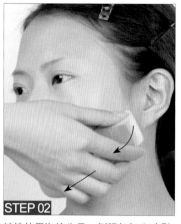

STEP 02

继续使用海绵为另一侧腮部打上暗影，注意两侧的暗影面积要一致，并且位置要相互对称。

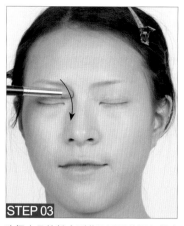

STEP 03

选择小号的粉底刷蘸取适量的深色粉底膏，在眉头下方沿眼窝与鼻根两侧，再沿鼻翼位置涂抹，以增加暗影。

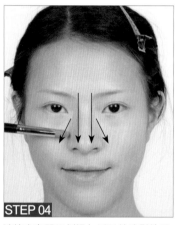

STEP 04

继续在鼻翼两侧添加适量的暗影效果，让鼻梁呈挺直的状态。

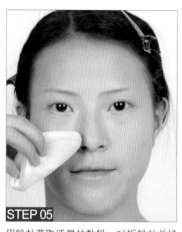

STEP 05

用粉扑蘸取适量的散粉，对折粉扑并揉搓，使其散粉均匀，然后按压面部，使眼睛周围和嘴周围的散粉略少。

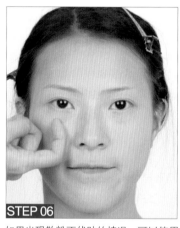

STEP 06

如果出现散粉不伏贴的情况，可以使用手指背在皮肤上按压，利用手指的温度使其散粉更伏贴。

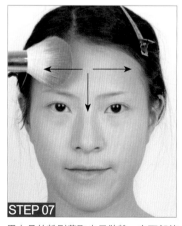

STEP 07

用大号的粉刷蘸取少量散粉，在面部的T区、下颚轻轻地扫上散粉。

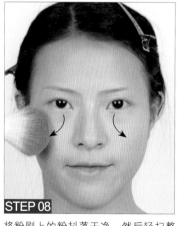

STEP 08

将粉刷上的粉抖落干净，然后轻扫整个面部，从上到下，从里到外，将多余的散粉刷掉。

STEP 09

完成立体底妆和定妆的操作，完成底妆的处理。

2.2 眼部的刻画

眼睛是心灵的窗户。在化妆造型中，眼妆的处理是一项非常重要且复杂的环节，眼睛描画是否成功，将直接影响到整体化妆的成败。眼妆的处理中，眼影、眼线、睫毛等将在本节为大家一一进行讲解。

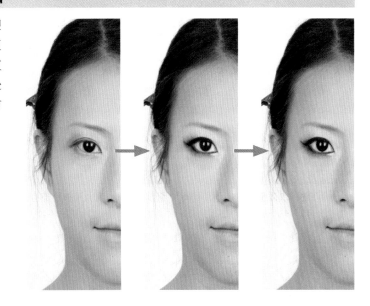

2.2.1 眼影的描绘

眼影主要是通过晕染眼影来增强眼部的凹凸结构，使人物的眼睛显得妩媚动人。通过眼影的不同处理，能够体现不同妆面的特点，在眼影的描画上根据色彩的不同，涂抹的形式也有差别。

描绘眼影的基本要求在于眼影色与妆型风格是否协调；眼影色与服饰的搭配是否协调；眼影的晕染形状是否符合眼形的要求；眼影色彩的过渡是否柔和，以及多色眼影在混合时能否进行自然恰当的搭配。

涂抹眼影的位置通常是在上眼睑处，根据眼妆的风格可以涂抹局部或是整个上眼睑。有些眼妆对下眼睑也会涂抹眼影，但是面积与上眼睑相比要小很多，且多是分段涂抹在眼头、眼尾或是睫毛根处。涂抹眼影需要与眉毛之间有空隙，眼尾下部需要全部空出。

下面介绍眼影涂抹的详细操作步骤。

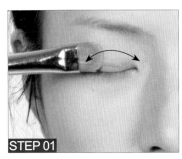

STEP 01

使用大号的眼影刷及白色带珠光的眼影，在上眼睑的整个眼窝上均匀地涂抹。添加白色眼影的作用在于使之后上色的眼影色彩饱和度更高。

STEP 02

选择中号的眼影刷，蘸取大地色中的金棕色眼影进行涂抹，作为眼影的主色。涂抹的位置是从眼头向眼尾，眼尾位置的眼影面积相对眼头要大。

STEP 03

继续用眼影刷蘸取金棕色眼影，在下眼尾根部、眼尾的1/3处，由眼尾向眼中位置涂抹。

STEP 04

使用干净的中号眼影刷，蘸取深棕色的眼影，继续在眼睑的眼尾部分涂抹，增加眼影的层次。涂抹的范围不超过之前金棕色眼影的范围。

STEP 05

让新娘的眼睛向上看，选择小号的海析眼影刷，蘸取适量的大地色中的金棕色眼影，涂抹位置从下眼尾的1/3处至眼尾位置，使涂抹的位置在眼尾处与上面的眼影结合。

STEP 06

在上眼睫毛的根处继续涂抹深棕色眼影，使其保持眼影的层次感。

2.2.2　如何画好眼线

眼线的描画，主要作用在于增强眼部轮廓，增强眼睛的黑白对比度，使眼睛明亮、显得神采奕奕。用眼线描绘眼部不仅可以弥补眼形的不足，而且在表现妆面风格上也有突出的贡献。要想描绘好眼线，需要在描绘前了解以下几点。

眼线的描绘有几种形式，包括使用眼线笔、眼线膏或眼线液。在使用眼线笔时，需要选择软心的防水型眼线笔，并将眼线笔削薄、削尖，沿睫毛根部进行描画，上眼线粗、下眼线细；使用眼线膏时，用眼线刷蘸取眼线膏进行描画，由于膏状的眼线在一段时间后会凝固，所以需要把握绘制的时间；而使用眼线液绘制眼线时，需要格外细致，在睫毛根部进行绘制，下笔要流畅。

眼线分为内眼线和外眼线，通常外眼线是画在睫毛的根部，内眼线则是画在睫毛根部里侧贴近眼球的眼部皮肤上。内眼线的绘制要比外眼线更轻、更流畅，否则敏感的眼部会流泪，从而导致花妆。

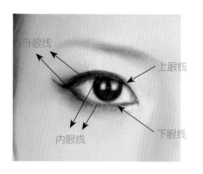

下面将使用眼线笔和眼线膏相结合的方式描绘眼线，具体绘制过程如下所示。

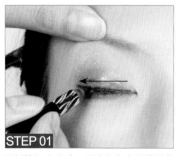

STEP 01

让新娘闭上眼睛，用大拇指在眉峰的位置适当地向上提拉眼皮，使用眼线笔沿睫毛根部，从眼头至眼尾绘制眼线。

STEP 02

在绘制眼线的过程中，眼头及眼尾的笔触较细，而眼线中段位置的眼线较深。均匀地涂抹睫毛根部，使绘制处的皮肤不留空隙。

STEP 03

让新娘睁眼，并垂直向上看，使用眼线笔从下眼线的眼尾向眼头位置涂抹，注意下眼线的宽度要比上眼线的细。

STEP 04

使用中号的眼影刷，蘸取黑色的眼影，并将眼线未涂满的位置用黑色眼影填满。

STEP 05

继续使用眼影刷，对下眼线眼尾至中段的皮肤进行晕染，使晕染的眼影与眼线自然地融合。

STEP 06

使用小号的眼影刷，蘸取少量的白色珠光眼影，在下眼线眼头的位置进行涂抹，提升眼部的亮度。

2.2.3 真假眼睫毛的处理

　　眼线的作用在于突出眼部轮廓，而睫毛的作用在于突出眼部的神采。在眼妆处理中，睫毛的长短、卷翘程度不同，就会表现不同的眼部特色。对于东方人来说，真睫毛本身比较直、硬且短，因而眼睛会显得不够灵动。通过假睫毛的适当修饰，可以让睫毛整体体现出卷翘、延长等效果。下面具体介绍真假睫毛的处理步骤。

STEP 01

用小镊子取出假睫毛，用小剪刀修剪假睫毛的长度，使假睫毛的长度与眼睛的长度一致。

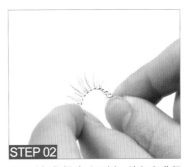

STEP 02

用双手握住假睫毛两侧，并向内进行弯曲，塑造完美的假睫毛弧度。

STEP 03

将适量的胶水涂在假睫毛的根部位置，并稍微风干2~3秒。

STEP 04

用小镊子将假睫毛中段贴近眼部的中段，紧贴在真睫毛的上方，再根据眼睛的弧度将眼头和眼尾的假睫毛粘贴紧实。

STEP 05

使用睫毛夹将睫毛夹卷翘，多次轻柔地使用睫毛夹，使真假睫毛从睫毛根部至睫毛尖部呈现自然的卷翘效果。

STEP 06

使用睫毛膏将真睫毛与假睫毛紧密地联系在一起，横向从睫毛根部至尖部刷动，注意新娘眼睛要平视前方。

2.3 眉毛的修形与描绘

眉毛由眉头、眉峰和眉梢三部分相连而成，眉峰位于眉毛的2/3处；眉梢位于鼻翼和外眼角的延长线上；眉梢与眉头的高低基本呈水平线，或者眉梢高于眉头。两眉之间的间距为一只眼睛的长度。

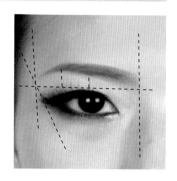

眉形，指眉毛描画的形状。眉形的选择对于整个妆面的效果有着画龙点睛的重要作用。在选择眉形时要注意以下几点。

（1）根据眉毛的自然生长条件来选择眉形。眉是由眉骨支撑的，眉毛生长的弯曲度是由眉骨的弧度所决定的，在为眉毛选择眉形时，可根据眉的自然走向做调整。对于较粗重的眉毛，眉形的选择面比较宽，通过修眉可以形成多种眉形；而对于较细浅的眉毛，在造型选择时具有一定的局限性，不宜选择粗重的眉形。

（2）根据脸形的特点来选择眉形。长脸形适合选择平直的眉毛，因为平眉有缩短脸形的效果；而圆脸形适合选择高挑一点的眉形，这样可以使脸形显得稍长一些。

（3）根据自己的喜好选择眉形。在上述条件充分的情况下，可以根据自己的喜好选择眉形，以表现自己的性格和气质。

STEP 01

用手将皮肤绷紧，将修眉刀的刀片紧贴皮肤，使修眉刀与皮肤呈45°，在皮肤上滑动，以将眉毛根切断，修饰出理想的形状。

STEP 02

选择适当的眉形，用较细的眉笔从眉头到眉梢轻轻地勾画。

STEP 03

选择适当的眉粉颜色，用眉刷蘸取少量眉粉之后，顺着眉笔描画的眉形进行勾画，增加眉毛的颜色。

STEP 04

蘸取适量的高光粉，并沿着眉骨上下轻扫，使眉骨显得更加突出。

2.4 腮红的处理

腮红主要用于面颊和脸部轮廓的修饰，可以使面色显得红润，使人看起来更加健康有活力。腮红晕染的位置在颧骨旁。

2.4.1 腮红的修饰

腮红的修饰是对脸部色彩的补充。对腮红进行处理，能够使脸部的色彩更加健康、红润。下面将详细介绍腮红修饰的步骤。

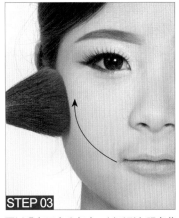

STEP 01
以鬓发处为起点，用腮红刷向嘴角下方的方向进行涂抹，不能超过嘴角的位置。

STEP 02
嘴角向上扬起微笑，以鼻翼两侧为起点，以横向方式涂抹笑肌位置，注意腮红刷的涂抹位置不要超过眼角位置。

STEP 03
再以嘴角下方为起点，以弧形向眼角位置进行涂抹，但涂抹的位置不宜超过眼角。

2.4.2 不同脸形腮红的选择

腮红在处理过程中，应根据不同的脸形运用不同的处理方法和技巧，正确的腮红处理方法可以使面部更加精致俏丽。下面将介绍不同脸形的腮红修饰方法。

长脸形
以鬓发处为起点，且不高过外眼角，以横向的方式进行晕染。

圆脸形
以鬓发处为起点，斜向晕染，注意晕染的面积不宜过大。

方脸形
以鬓发处为起点，且不高过外眼角，倾斜纵向晕染；面积要小，且颜色要浅、淡。

2.5 唇部的描画

唇部包括唇角、唇峰、唇谷和下唇中部。一般所说的标准唇形，其要求为当我们双眼平视前方时，嘴的宽度是两瞳孔间的内侧缘向下的垂直的宽度。在亚洲人看来，下唇略厚于上唇是比较好看的嘴唇，而欧洲人则认为下唇的厚度是上唇的厚度的两倍才好看。虽然审美观念不同，但在唇部彩妆的修饰方面，唇部的美化都是公认的重要部位。娇嫩欲滴的双唇总能更好地散发女性的魅力。

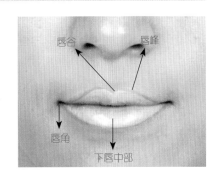

修饰唇部对妆面有画龙点睛的作用。娇艳欲滴的饱满唇形能够给妆面增添一抹性感迷人的女人味。下面将详细介绍唇部描画的步骤。

STEP 01

确定唇峰、唇谷和下唇中部的位置，找到各个点之后，用唇线笔从唇角起笔至中间连线，勾绘出唇部的轮廓，要求线条流畅。

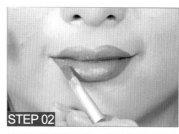

STEP 02

用口红笔蘸取唇彩，从唇角到下唇中部进行涂抹，以由内向外的方式将整个唇部涂满，增加唇部的色彩感。

STEP 03

为了增加唇部的立体感，在唇角和唇的边缘增加较深色系的暗影色，使唇肌显得饱满。

STEP 04

用口红笔蘸取口红，顺着下唇的方向为唇面进行提亮处理。

STEP 05

再用相同的方法对上唇唇面进行提亮处理，注意不要超出唇线范围。

STEP 06

最后为整个唇面涂抹亮色唇彩，使唇部更加闪亮、饱满。

第3章 新娘妆的制作

结婚是人生中的一件大事，而穿上婚纱是每一个女孩的梦想。新娘妆，这个既浪漫又富童话色彩的妆容，让新娘在婚礼当天成为最受瞩目的主角。在制作新娘妆时，既要美丽动人，又不宜太过浓艳炫目，但一定得表现出喜庆的感觉。

在本章中，将向大家具体介绍几类流行妆容的具体操作方法，通过对步骤的分解讲析，让读者掌握打造新娘妆的关键技术。

3.1 中式喜庆新娘妆

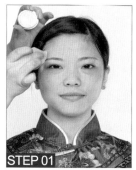

STEP 01

选择一款颜色偏深的粉底膏，采用按压和点拍的方式对痘印和雀斑进行遮盖。

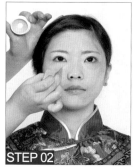

STEP 02

选择颜色偏浅的粉底膏，着重对三角区、黑眼圈及眼袋的位置进行遮盖。

STEP 03

用粉扑蘸取双色修容饼里的白色，并将其均匀地按压在T区、眼周及下颚等位置，增强脸部的立体感。

现代的中式新娘妆继承了中国传统的红色元素，用暖调的色彩烘托出婚礼的喜庆氛围，热闹、喜庆、祥和正是中式新娘妆所要表现的。中式新娘妆最大的特点之一在于对大红色的巧妙运用，如大红色的眼影、大红色的唇彩等。大红色本是东方人所偏爱的颜色，预示着红红火火的开始，突出了喜庆、热闹和吉祥，再搭配上大红色的旗袍，不仅衬托了婚礼整体的色调，更展示着东方女子曼妙的身姿、婀娜的形态。中式婚礼越来越为大众所追捧，其背后所蕴含的历史文化也值得我们研究、学习。

小贴士

在上底妆之前，可以在整个面部均匀地喷上化妆水或者保湿水，使皮肤滋润，以便上妆和保持妆面的伏贴。

STEP 04

用双色修容饼里的白色提亮
T区、三角区及下巴。

STEP 05

用双色修容饼里的咖啡色收
缩脸部两侧的轮廓，用于修
饰脸形。

STEP 06

用粉扑蘸取定妆粉，以滚压
的方式仔细而全面地为底妆
进行定妆处理。

小贴士
在定妆的时候，可以选
择透明的定妆粉和珠光
的定妆粉混合使用，使
底妆更有质感。切记透
明定妆粉和珠光定妆粉
的配比要适量，过多的
珠光定妆粉会使整个脸
部显得很油腻。

STEP 07

用眼影刷在上眼睑位置涂上
白色眼影，使眼妆显得更加
纯正。

STEP 08

用眼影刷蘸取红色眼影，在
瞳孔上方找到着手点。

STEP 09

在中心点处分别向前、向后
晕染眼影，注意眼影晕染的
深浅和层次。在晕染眼影的
时候，可以充分利用眼窝的
幅度来控制眼影刷的走势，
这样的眼妆才会使双眸更显
深邃。

STEP 10

用眼影刷蘸取白色眼影，并
轻轻扫过眉弓骨，使眼影看
起来更加自然。

STEP 11

选择小号的眼影刷蘸取少量
黑色眼影，在眼尾处进行晕
染，加深眼睛的深邃感。

STEP 12

用黑色眼线笔一气呵成地勾
画眼线，注意不要有锯齿状。

小贴士
在勾画眼线的时候，为
了保证眼线的流畅，我
们可以使用小工具轻轻
压住眼周，再勾画眼线。

STEP 13

在眼皮的褶皱处贴上假睫毛，增加睫毛的浓密度和长度，以调整眼睛的大小。

STEP 14

用睫毛膏在下眼睫毛处均匀地涂抹，增加下眼睫毛的浓密度和长度。

STEP 15

用睫毛梳轻轻地梳理下眼睫毛，使其看起来更加自然。

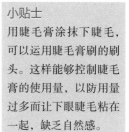

小贴士

用睫毛膏涂抹下睫毛，可以运用睫毛膏刷的刷头。这样能够控制睫毛膏的使用量，以防用量过多而让下眼睫毛粘在一起，缺乏自然感。

STEP 16

用眉笔轻轻扫出眉形，适当地加深眉毛的颜色，增加造型的美感。

STEP 17

用修容饼蘸取适量的遮瑕膏，涂抹在眉毛的边缘位置，起到修饰眉形的作用。

STEP 18

选择粉红色腮红，以斜打的方式塑造好的脸部的气色，同时增强脸部的立体感。

小贴士

在扫腮红的时候，可以以笑的方式突出脸部的笑肌，以便确定涂抹位置。

STEP 19

用中号的蜜粉刷蘸取适量高光粉，从眉头到鼻翼并往下延伸打造阴影，增加脸部立体感。

STEP 20

用眼影刷蘸取适量双色修容饼里的白色，提亮T区中间部分和下颚位置。

STEP 21

用口红刷蘸取粉红色的唇膏，并涂抹在唇部，使整个妆面协调。

STEP 22

在嘴部中间和唇珠的位置涂上水润的唇彩，以增加唇部的立体感。

STEP 23

用粉扑蘸取定妆蜜粉，以按压的方式对整个妆面做最后的定妆处理。

STEP 24

最后对全脸妆面做细节处理，则一款充满浓浓中式风格的新娘妆容便完成了。

3.2　韩系时尚唯美新娘妆

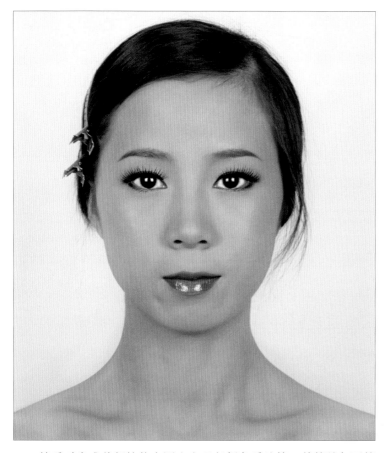

　　韩系时尚唯美新娘妆在诞生之日起便备受追捧，其简约却不简单、高贵而不奢华的特点广受亚洲女性的喜爱。妆面中长而感性的眼线、闪亮饱满的双唇，以及粉嫩的脸颊，无一不体现着女性的柔美。韩系时尚唯美新娘妆的最大特点便是优雅，这款妆面体现了女人的细腻娇羞、柔情似水。新娘低头的一颦一笑、仰首的高贵自然及持久细腻的妆面，让新娘们在喜宴当天备受瞩目。

STEP 01

选择接近脸颊肤色的粉底，从额头至脸颊两侧均匀地在皮肤上涂抹底妆。

STEP 02

用粉饼在眼睛上从左至右涂抹，让眼部皮肤与底妆紧密贴合。

STEP 03

选择比肌底色白一号的粉底，涂抹额头T区至鼻梁部分，对肤色做自然提亮处理。

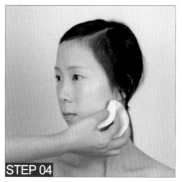

STEP 04

在脸的两侧稍稍向内部修饰，加深粉底，以出现外轮廓收缩的效果，让脸部显得更加立体。

STEP 05

接下来对底妆进行定妆处理，用刷子从额头开始均匀地轻轻涂抹，去除面部的浮粉。

选择白色眼影在眼部上方晕染，做眼妆底层处理，以提亮眼部的亮度，为之后的眼影上色打好基础。

用金棕色眼影在眼部做第一层眼妆色彩处理。

用比金棕色更深一些的深咖啡色眼影做第二层眼妆处理，让眼影出现渐层效果，使眼影的色彩更加丰富。

用眼影刷晕染眼影，使第一层与第二层的眼影自然过渡。至此，完成了右眼的上眼影的处理。

用眼线笔从睫毛根部向睫毛尾部绘制一条自然流畅的眼线。

选择相同颜色在眼角下方1/3处涂抹眼影，以增强眼角的衔接。

用睫毛夹夹翘睫毛，实现从侧面看睫毛卷翘的效果。

用自然型的仿真假睫毛紧密地贴合在睫毛上方1毫米的位置。

用睫毛膏从睫毛根部由下而上精细地刷刷涂上睫毛。

用睫毛膏从睫毛根部由上而下精细地刷涂下睫毛。

用眉笔顺着眉毛的生长方向描画眉形。

用眉刷晕染眉毛，使眉毛更加真实自然。

用眉粉刷蘸取眉粉，并将其涂抹在眉峰下部，使眉形轮廓更清晰。

用口红绘出唇形，要防止口红外溢，应使唇形干净。

用与口红颜色相近的唇彩涂抹唇部，修饰唇形，使其更具立体感。

用妆容粉对肤色进行局部提亮。

用粉色的腮红粉涂抹腮红，使脸色更加粉嫩。

一款简约优雅的韩系新娘妆容便完成了。

3.3 日式甜美新娘妆

STEP 03

用化妆刷进行修容处理，用高光粉对面部的C区及V区进行提亮处理。

STEP 04

用粉饼取适量蜜粉，为整个脸部的打底妆容定妆。

　　可爱的发型配上俏皮的嘟嘟嘴唇，大大的眼睛配上充满灵动之感的眼妆，使整个造型都洋溢着日式浓浓卡哇伊娃娃的幸福可爱的气息，在美丽的同时别具一番风情。活泼、俏皮、灵动、可爱，这些词语都是对日式新娘妆的描述。身材娇小的东方女性对于娇小可爱的日式妆容的驾驭能力远高于对大气的欧美妆容的驾驭能力，所以亚洲女性更容易接受日式新娘妆。无瑕疵的底妆、显大而无辜的眼妆和肉嘟嘟的嘴唇，这些都是日式新娘妆的特点所在，而这样粉嫩的妆容也逐渐成为一种流行的趋势。

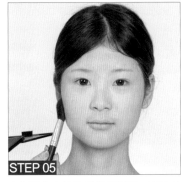

STEP 05

由于每个人的脸形各不相同，在化妆时需要修饰成标准脸形。用化妆刷蘸取深色粉底，修饰脸颊两侧下颚骨的位置，从下向上修饰。

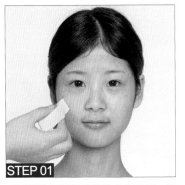

STEP 01

对面部进行深层次的补水处理后，用海绵蘸取适量的打底膏，对面部进行打底处理。

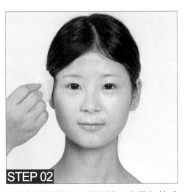

STEP 02

面部打底要均匀，使用按压和轻扫的手法，让打底膏与皮肤伏贴。同时，不要忘记对脖子和肩胛位置的打底处理。

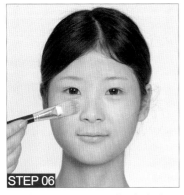

STEP 06

用化妆刷蘸取高光粉，进行提亮处理，以增加面部五官的立体感，提亮三角区、T字部位及下巴，加强五官的轮廓感。

STEP 07

用眼影刷蘸取适量高光粉，为眼部做高光打底。

小贴士

在每次化妆处理时，底妆的处理是最基础，同时也是最重要的步骤。均匀、细腻的底妆可以让我们的肤色看起来更加饱满、自然、健康。所以我们在做打底处理时，一定要注意将面部涂抹均匀、细薄的原则，以顺时针按压、拍打等手法对面部粉底进行相应的处理。

STEP 08

用眼影刷蘸取粉色眼影，以瞳孔位置为中心，向前、向后晕染开。

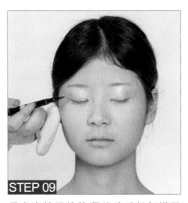

STEP 09

用水溶性眼线笔顺着睫毛根部描画眼线。

STEP 10

上眼线的描画要由眼角至眼尾做延伸式描画，不能留白，要将睫毛根部全部填满。

STEP 11

下眼线的描画一般使用黑色的眼影对眼角连接上眼线的位置进行晕染，使眼睛显得更加自然。

STEP 12

为了让眼睛看起来更深邃，可以用水溶性眼线笔对下眼线进行深化。

STEP 13

用镊子取假睫毛，与眼部做比较，用小剪刀修剪过长的假睫毛。在假睫毛上涂抹胶水，为了让假睫毛更加贴合眼睛的弧度，轻轻地弯曲假睫毛，使其形成一个弧度，然后将假睫毛固定在真睫毛的根部。

STEP 14

对下眼线的眼瞳处进行提亮处理，可以让眼睛更加富有神采。

STEP 15

用睫毛膏刷涂真假睫毛，使其看起来更加自然、浓密，达到睫毛根根分明的效果。

STEP 16

选择咖啡色眉笔，并顺着眉形的方向以韩式平眉的方式描绘眉毛，对眉毛上方进行高光处理，突显干净的眉毛。

STEP 17

画好眉毛之后，用螺旋刷将眉头刷淡，让整个眉毛有一种松散自然的感觉。

STEP 18

根据眼影的颜色，选择橘色的腮红，这样的颜色搭配让妆容看起来更加和谐。用化妆刷以C字形在笑肌处轻刷腮红。

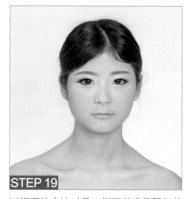

STEP 19

以相同的方法对另一侧面部进行腮红处理。经过腮红处理的面部更加具有光泽感和通透感。

STEP 20

唇彩选择粉色系来搭配整个面部妆容的色彩。

STEP 21

沿着唇形的方向对嘴唇上色，使唇部看起来更加立体、闪亮。

STEP 22

经过唇部处理后的妆容更显俏皮、自然，这款甜美新娘妆也就完成了。

3.4　欧式大气新娘妆

STEP 01

在打底之前对脸部的一些瑕疵做修饰。用手指头蘸取打底膏，修饰眼袋，以降低黑眼圈的明显程度。

STEP 02

用海绵蘸取少量打底膏，修饰斑痕、痘印，让皮肤看起来更加健康，没有瑕疵。

STEP 03

用海绵蘸取粉底，对整个面部做打底处理，让粉底更贴合皮肤。

　　欧式妆是东方人为了使自己的脸形结构更加立体，而模仿欧洲人的脸形结构所设计的妆容。有气质的欧式大气新娘妆处处彰显着新娘的成熟与魅力，让新娘在举手投足间都堪称完美。欧式大气新娘妆面最大的特点在于时尚奢华、女人味儿十足，简洁中蕴含着大气，高贵奢华一览无余。欧式新娘妆最关键的，也是难度最大的环节在于对眼妆的处理。亚洲人的眼窝并不深陷，而欧洲人的眼窝却十分深邃，这就要求我们在描画眼影的同时，将眼窝自然地打造成凹陷状。欧洲人的眼睛普遍都是大双眼皮，我们可以利用眼影的画法来打造假双眼皮，而假睫毛也可选用夸张一点的，这样可以使眼睛看起来更加深邃而有神韵。

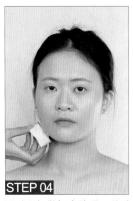

STEP 04

再对颈部做打底处理，着重对颈部及锁骨处进行打底处理，使其与脸部颜色保持一致。

STEP 05

用化妆刷蘸取适量的钻石粉，轻点眼部、鼻梁和鼻尖位置，并均匀地轻扫，让妆面具有立体感。

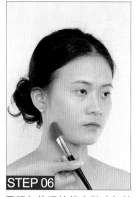

STEP 06

用颜色偏深的粉底做暗部的收缩，均匀地打在颧骨下、脸侧等位置，以增加背光，使妆面更立体，增加妆面的凹凸线。

STEP 07

用稍细的化妆笔刷蘸取深色系粉底，均匀地打在上眼睑处、鼻梁周围、鼻尖处，用稍深的粉底上色可以增加五官细微部分的立体感。

STEP 08

对妆容定妆，使肌肤如陶瓷般细腻无瑕。

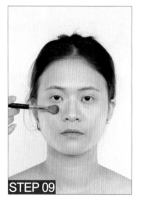

STEP 09

用化妆刷进行修容处理，用高光粉再次提亮V区及C区。手的力度不宜太大，否则会造成脱皮现象，让皮肤很干燥。

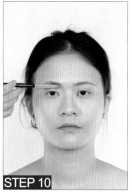

STEP 10

用咖啡色粉底修饰眉骨处，增加眼部的深邃感，让眼睛看起来更有神采。

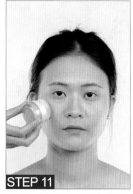

STEP 11

为了使皮肤看上去更加健康，腮红膏是必不可少的。将腮红膏打在颧骨两侧，让肤色看起来更加红润饱满、有光泽。

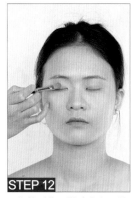

STEP 12

用化妆刷蘸取微珠光白眼影，对上眼睑周围提亮。在提亮眼部的眼影时用浅色来提亮原本的肤色。

STEP 13

用眼影刷蘸取粉色的眼影，让新娘的眼睛向上看，并在下眼睑的后眼角部分晕染。

小贴士

新娘眼影的颜色一般选择使用粉色、香槟色这类颜色，不仅可以衬托新娘的喜庆，也让新娘的妆容看起来红润、有精神。

STEP 14

选择深色的眼影，用稍细的眼影刷轻轻刷睫毛根部位置。再用稍宽的刷头对眼影做一个中间调的晕染，放大眼睛，让眼睛看上去更有神。

STEP 15

用化妆刷轻轻挑起上眼睑，并用眼线笔描画眼线。画眼线时要注意内眼线的描画，睫毛根部也要用眼线膏描画，从眼角到眼尾均匀自然地描画。

STEP 16

用化妆刷蘸取深色系的眼影，并轻刷贴近眼线位置的上眼睑，对眼尾部进行晕染，让眼部妆容更显自然。

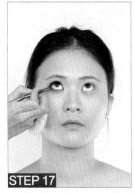

STEP 17

让新娘的眼睛向上看，继续用深色系的眼影轻刷下眼睑。

STEP 18

用睫毛夹将睫毛夹翘。夹睫毛一般有三个步骤，首先在睫毛根部用睫毛夹轻轻夹翘睫毛，然后稍稍向外移一点，在睫毛根部轻轻夹翘睫毛，最后再夹翘睫毛梢。

STEP 19

用小镊子取出假睫毛，放在眼睛处比对，如果假睫毛过长，则用小剪刀修短，使假睫毛的长度与真睫毛的长度一致。

STEP 20

用睫毛膏涂刷真假睫毛，使睫毛看起来更加自然、浓密。

STEP 21

用眉笔顺着眉毛的生长方向描画眉形。

STEP 22

用腮红刷蘸取橙红色的腮红，并将其轻轻扫在颧骨的笑肌上。刷腮红的手法是以眉梢为末点，并呈弧形轨迹，这样的刷法能避免腮红集中在颧骨一处的窘态。

STEP 23

用口红笔沿着唇边，从唇角向唇峰描绘，注意，唇部看起来一定要饱满，并在唇角位置画上翘唇纹。

STEP 24

用润唇膏沿着口红的位置涂抹，润唇膏的颜色与口红的颜色不宜相差太大。

STEP 25

完成唇部处理后，妆面更显高贵、典雅。

3.5　复古惊艳新娘妆

在处理妆面之前，在面部涂上化妆乳，为皮肤做保湿处理。

STEP 02

选择一个与皮肤颜色相近的粉底膏，用化妆棉蘸取粉底膏后以按压、轻拍等手法对整个面部做打底处理。

小贴士
在打底过程中要注意嘴角、鼻翼和发际线处皮肤的打底。黑眼圈和下眼睑处可将粉底膏涂抹得厚重一些，以遮住面部的瑕疵。为了防止皮肤出现脱皮现象，可在打底的过程中喷上适量的爽肤水。

　　随着复古风的流行，新娘妆也顺应了这场复古风潮。复古新娘妆往往能给人眼前一亮的感觉。在复古新娘妆中，粗眉、浓眼线、长睫毛及烈焰般的红唇都是这款妆容的要点。眉毛的重点在于自然，容易成形，让人感觉有气力。眼部可以使用小烟熏妆，再搭配稍夸张的睫毛，让眼睛变得更加深邃，复古的效果便呼之欲出。

STEP 03

用棉块蘸取高光粉，并采取点擦的手法在鼻梁周围、鼻翼和嘴角等部位打上高光粉，以突出五官的立体感。

STEP 04

用稍深颜色的粉底膏为面部打上侧影，以收缩面部，使面部看起来更加小巧。

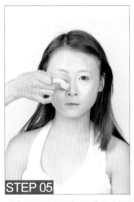   

STEP 05

对鼻梁两侧及鼻根进行侧影修饰，这样的处理使鼻子看起来更加真实。

STEP 06

选择与肤色一致的定妆散粉做处理，以确保妆容更加持久。

STEP 07

用刷子蘸取修容粉，对打过高光的部位，例如鼻梁周围、鼻翼、嘴角等部位再次进行修容处理，提亮妆容。

STEP 08

再用修容粉修饰面部两侧，以耳朵为起点，以放射状轻刷面部。

STEP 09

选择咖啡色的修容粉，对鼻梁、鼻翼两侧及鼻尖位置进行修饰，让鼻子看起来更加秀气。

STEP 10

选择亮色的眼影，用眼影刷轻刷整个眼部，达到提亮眼部的效果。

STEP 11

让新娘眼睛向上看，再用亮色的眼影为下眼睑做提亮处理。

STEP 12

再选择沙色眼影，以平晕法晕染眼窝位置，注意避开眼角处。

STEP 13

在下眼睑的1/3处也打上沙色的眼影，使整个眼影衔接得更加自然。

STEP 14

再选择金棕色眼影，以相同的方法在沙色眼影的下方进行晕染处理。

STEP 15

用眼线刷蘸取眼线膏，画出眼线的形状，再进行填画，尤其要注意睫毛根部位置不能留白。

STEP 16

为了避免眼线的晕染，可以在紧贴眼线的上部位置刷一层细细的深色眼影粉。

STEP 17

让新娘的眼睛向上看，描画出一条细细的下眼线。

STEP 18

选择橙色的腮红，用腮红刷从太阳穴到颧骨的位置以C形的方式轻刷，增加面部的红润。

STEP 19

用小镊子夹取假睫毛，并将其粘贴在睫毛根部。

STEP 20

用睫毛膏以Z形的方式轻刷睫毛，让睫毛看起来更加立体、卷翘。

STEP 21

选择咖啡色的眉粉，顺着眉形的方向描画眉毛。

STEP 22

用唇线笔勾绘出唇线，唇角边缘用接近肤色的唇膏遮盖，以修饰不完美的唇形。

STEP 23

用浅色口红遮盖唇线的颜色。

STEP 24

用大红色的口红顺着唇形的方向进行处理。一款时尚大气的新娘妆便完成了。

3.6　时尚创意新娘妆

对面部进行深层次的补水
处理。

STEP 02

用化妆棉轻轻拍打面部，直
至水分被完全吸收。

STEP 03

用海绵蘸取粉底膏，以按压
的方式将粉底膏均匀地打在
整个面部。

　　潮流与个性是大胆年轻的新娘所追求的，这在新娘妆的选择上也不例外。大胆的色彩尝试、夸张的饰品搭配、别具一格的妆容造型，是时尚新娘妆的一大特色。创意新娘妆打破了传统的色彩搭配，以其亮丽鲜艳的色彩引人夺目。在创意时尚新娘妆上，眼影的颜色选择是关键，亮丽的色彩搭配彰显着年轻人的独具匠心。黄色与绿色，绿色与粉色，这些我们在日常生活中并不经常使用的颜色为这款妆容增色不少。

STEP 04

选择珠光定妆粉，以按压和点拍的方式为面部做定妆处理。

小贴士

在打底的过程中，要注意面部的几个死角，例如鼻翼、嘴角、眼角等位置。而对发际线的处理上，一般用海绵蘸取粉底膏后，以向上推的方式使发际线的颜色与皮肤的颜色衔接自然。

STEP 05

用散粉刷蘸取咖啡色粉，并轻刷下颚骨位置，使整个面部具有立体感。

STEP 06

用亚光高光粉轻刷T字区和下巴，突显五官的立体感。在对T字区进行高光处理时，轻刷高光的T字区，不宜超过鼻头，否则会使鼻头显得过大。

STEP 07

用小刷子蘸取咖啡色粉，并从鼻梁到眼窝处轻扫，增强鼻梁的挺拔感并增加眼睛的深邃感。

STEP 08

用眼影刷蘸取高光粉，用高光粉对整个眼部打底。

STEP 09

选择黄色的眼影，处理整个眼睛的1/2宽度。

STEP 10

用绿色的眼影涂抹眼睛剩下的1/2处，注意两种颜色衔接不能有明显的颜色分界线。

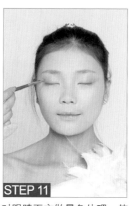

STEP 11

对眼睛下方做晕色处理，使眼影的颜色衔接得更加自然，并增加眼睛的深邃感，特别要注意对眼睛三角区眼影的处理。

STEP 12

用眼线笔沿着眼影的长度和方向描画眼线，要注意眼头和眼尾的眼角的处理，并且要将睫毛根部用眼线笔填满，不能露白。

STEP 13

沿用相同的方法描画下眼线。

STEP 14

对准真睫毛的根部粘贴好假睫毛。

STEP 15

粘贴假睫毛之后，难免会在眼线处留下胶水印，可以用眼线笔将眼线填满，以保证眼线的流畅。

STEP 16

选取眉粉，并轻轻扫出眉毛的形状和颜色。在眉毛中部加深颜色，使眉毛的颜色有层次感。

STEP 17

用螺旋形刷梳理眉毛，淡化眉头，为眉毛定型。

STEP 18

选择白色的粉修饰眉毛周围，提亮眉弓骨位置，使眉毛更有立体感。

STEP 19

用腮红刷蘸取橙红色腮红，从太阳穴到笑肌前方位置以C形方式涂抹腮红，使整个妆面看起来更加红润。

STEP 20

用睫毛膏轻刷睫毛，使睫毛达到上翘的效果。

STEP 21

用橙色唇彩为嘴唇上色，注意将唇角处画满，这样笑起来才更具有亲和力。

STEP 22

选择亮粉点取眼角处，在下眼睑2~3厘米处轻点小圆点，从发际线位置由大到小去表现。

STEP 23

最后为整个妆面进行定妆处理，这款创意新娘妆便完成了。

第 4 章　不得不知的
　　　发型制作基础

　　细节决定成败，在发型制作中有很多细节的好坏也能决定一款发型的成败。对细节基础的学习能让整款发型更加精致有序，也让发丝看起来更有质感。

　　本章将为大家具体介绍几类发型制作的基础操作方法。通过头发分区、基本造型处理，以及基本配饰运用的具体介绍，让读者掌握至关重要的发型细节处理方法。

4.1 发型分区的原理

所谓发型分区就是根据发型的需要将头发分成两份以上的区域以便设计。一款成功的发型与发量、头形、脸形是密切相关的。要成功地设计一款发型，首先要考虑头发、头形、脸形的特点，再分区设计，然后用卡子将头发集合成型，再对头发做造型处理。

4.1.1 认识头部各区

头部不同区域对塑造和改变人的头形具有不同的作用，认识并且掌握不同的特点是做好头发造型的第一步。下面我们一同来认识头部的各个区域。

刘海区

刘海区的作用在于修饰脸形。常见的几款刘海类型有斜刘海、齐刘海、碎刘海及中分刘海，刘海多用于点缀整体发型。

侧发区

侧发区是头部侧面遮盖前额的部分用于调整脸形。一般根据脸形的不同来设计侧发区。脸形偏大的要用左右侧头发去掩盖；脸形偏小时要让左右侧的头发纹理向外，使脸形看起来大一点。

顶区

顶区是头顶发旋儿周边部位的头发，即头发的最高区域，是与其他发区相结合的造型重点区域，用于修饰整体造型，使造型更美观。

后区

后区从头发下方开始至耳部最高点处的后侧头发区域，可以调整头部后侧的弧度，提升立体感。通过控制后区头发的长度，可以体现发型的层次，还可以控制外线条的形状。

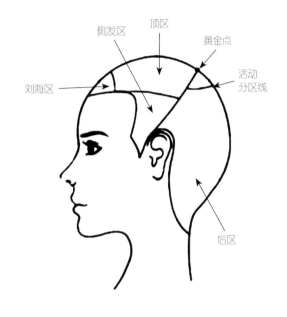

4.1.2 顶区横线分法

顶区横线分法是一种常见的分区方式，其是在顶区位置，从该区正中划分出一条与面部平行的分隔线，从而将头部的顶区分为均等的前后两个部分。

4.1.3　侧发区直线分法

　　侧发区直线分法是较为常见的分区方式。在侧发区位置，在该区从耳朵上部划分出一条与面部平行的分隔线，从而将头部的侧发区分为两个部分。

4.1.4　后区中分法

　　后区中分法就是在头部的后区从中间分开，将后区的头发分成平均的左右两部分。这种分法适合长发或者中长发，可对后区的头发起到固定的作用，通常用于包发。

4.1.5　Z字分区法

　　Z字分区法就是在后区将头发呈Z字形分开。将后区的头发均等地分成两部分，且每一部分为不规则的形状。Z字分区法适合短发。

4.2 基本造型方法

无论多么复杂的发型也是在简单方式的基础上衍生、发展出来的，所以掌握基本的造型方法，可以为以后多变的发型打下基础。让我们一起来学习下面几款基本的造型方法吧！

4.2.1 扎马尾技巧

马尾的发式给人自然清新的邻家女孩般的感觉，彰显着青春、活力、朝气。扎马尾在实际中，既可以用啫喱膏等美发用品将头发梳理得紧贴在头部，显得一丝不苟，同时也可以用尖尾梳将头发打毛，突显出头发蓬松自然的感觉。扎马尾是基本造型中最基础而用处最大的技巧。

STEP 01

用尖尾梳将头发梳理整洁，并将头发整体向上梳理。

STEP 02

将梳理好的头发在脑后的位置用手紧握。

STEP 03

用橡皮筋将头发捆绑成型。

STEP 04

取马尾中的一股头发，并将其沿着橡皮筋缠绕。

STEP 05

用卡子将缠绕后的头发固定，注意将卡子隐藏好。

STEP 06

用头发遮挡橡皮筋的痕迹，可以使马尾看起来更加美观。一款清新自然的马尾就完成了。

我们常见的扎马尾的形式还有低马尾和高马尾。梳理的方法大同小异，但一定要掌握马尾固定的高度，否则很难看出其中的差别。我们一般根据发型制作的要求来选择适合的马尾高度。

低马尾

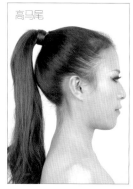

高马尾

4.2.2　包发技巧

　　包发主要突出女性的优雅气质，通常适用于晚宴等重要的场合。在实际操作中应注意不可将头发梳理得过于刻板，应顺着头发的卷曲坠落方向自然地梳理。定型之后可使用啫喱水等美发用品将头发固定。

STEP 01

采用后区中分法将头发平分，用尖尾梳将右侧的头发梳理整洁。

STEP 02

用手将右侧的头发抓住，并将其向内翻卷。

STEP 03

使卡子与翻卷的头发呈90°，垂直向下固定。

STEP 04

再将发尖剩余的头发以旋转状固定在头顶部位置。

STEP 05

用相同的方法对左侧头发包裹、固定。

STEP 06

一款气质优雅的包发便完成了。

4.2.3　卷发技巧

　　所谓卷发就是将细长柔顺的头发打造成大小不同的卷。掌握卷发的技巧有利于设计别具一格的发型。卷发可以突出女性的开朗俏皮，在实际操作中应注意卷的大小。

STEP 01

提起头顶的一股头发，在其发根位置喷少量啫喱水。

STEP 02

将发尾以折叠状与整股头发平行叠合，再以食指为轴用上下卷毛线球的手法向头发顶部卷裹。

STEP 03

将卷好的头发用卡子横向固定在头顶处，简单的卷发便完成了。

4.2.4 打毛技巧

打毛也叫刮蓬，与从发根梳向发尾的方向相反，打毛是从发尾梳向发根。首先取一缕头发，从靠近发根的地方开始，依次打毛至发尾。注意，如果要梳顺打毛的头发，则从发尾开始梳理。

将头顶的一股头发垂直提起，选取的发量一定不要过多。 | 将尖尾梳放于发根上方2~3厘米处，以上下梳理的手法将头发打毛。 | 然后轻轻放下打毛后的头发，用尖尾梳将头发表面梳理整洁。经过打毛的头发更加蓬松立体。

4.3 配饰的使用

在美发造型中，配饰具有画龙点睛的装饰作用。由于只是点缀作用，所以在装点过程中要注意切忌过多地使用，以免造成喧宾夺主的后果。

4.3.1 珠链配饰

珠链配饰是装点造型常常用到的配饰。珠链配饰一般由白色细线串连着大小不一的小珍珠组成，轻盈且容易成型，固定方法也十分简单。

将珠链以横向固定的方式固定在脑后位置，要分散地摆放珠链，不要集中在一个地方。 | 将珠链缠绕成大小不一的圆圈，使珠链尽可能集中，然后固定在低马尾的上方位置。 | 经过珠链点缀的造型更饱满，也避免了造型的单调。

4.3.2 头纱配饰

头纱配饰是新娘造型中不可或缺的元素，其简约却不简单。头纱与婚纱搭配更能衬托新娘的神圣与优雅。让我们一起来学习在造型中如何使用头纱配饰。

STEP 01

梳理完成的造型很整洁，但略显单调。

STEP 02

取一条稍宽大的头纱，从前额位置包裹整个造型。

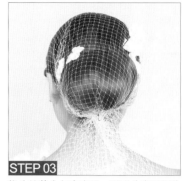

STEP 03

将头纱整个包裹完后，系于头发后部位置，至此头纱搭配便完成了。

4.3.3 鲜花配饰

鲜花配饰对于造型的塑造与点缀是非常别致的，鲜花的绚丽与自然、芬芳与清香衬托了新娘的多姿多彩，也寓意婚后的生活似花儿般绚丽。鲜花的装饰不仅可以用花朵来点缀，还可以用花瓣来让造型更加饱满。下面就让我们一起来学习这两种鲜花装饰的技巧。

花朵装饰

STEP 01

将头发后盘并梳理整齐之后，会发现造型缺乏色彩感，显得很单调。

STEP 02

将色彩鲜艳的花朵用卡子固定在包发左侧，对整个发型进行色彩上的点缀。

STEP 03

经过花朵点缀的造型显得更加丰满，也避免了色彩上的单调。

花瓣装饰

STEP 01

将花朵撕成若干个花瓣，将花瓣至于头顶位置，注意将花瓣放置于发缕之间，以保证能固定在头发上。

STEP 02

再取两朵康乃馨，至于耳朵后方。由于鲜花不易用卡子固定，所以在固定鲜花配饰时，大多选用橡皮筋捆绑固定。

STEP 03

经过花瓣点缀的发型充满了色彩感，让新娘如鲜花般娇艳动人。

4.3.4 复古配饰

复古配饰顾名思义就是走复古路线，而使用这类配饰大多搭配复古的妆面或者复古的婚纱礼服。常见的复古配饰有皇冠、复古蕾丝头巾等。复古元素的兴起也为造型的多样化增添了一份特别的色彩。

选择复古蕾丝带，从左耳耳侧沿着与额头平行的位置装饰。

用卡子将发带固定在两耳之间的位置。

将固定的发带进行整理，使发带稍稍遮盖额头，使造型更显高雅。

4.3.5 羽毛配饰

羽毛配饰可以呼应季节，有绒感的羽毛很适合在冬天结婚的新娘。羽毛的厚重感与温度感能带给人暖洋洋的感觉，使新娘看起来很有亲和力，也显得俏皮可爱。

取叶子状的配饰，固定在右侧位置。

再取白色的羽毛配饰，紧挨着叶子配饰固定。羽毛在固定的过程中要注意将卡子隐藏好。

羽毛配饰不仅能很好地与季节呼应，而且绒感强烈的羽毛配饰能让新娘显得可爱而不失优雅。

第5章　不同长度的新娘发型

　　我们常常认为头发的长度决定了新娘选择怎样的新娘发型，飘飘长发对于发型的设计十分有利，能够带来的变化也十分繁多，而齐肩短发似乎使发型的设计有所限制。可事实并非如此，不同长度的头发所设计的新娘发型各有特色。

　　本章将带领大家正式进入发型造型设计的世界，去学习针对不同长度的发型都有怎样的造型方法和设计技巧。下面让我们一起进入本章的学习吧！

5.1 短发新娘发型

短发新娘在发型设计时要考虑到头发长度的问题，多选择使用盘发、卷发等手法。此款发型的操作步骤很简单，但学习起来也不能马虎。越简单的发型，对造型师的基础功的要求就越高。

案例一

STEP 01

以两耳连线为分界线，将头发分为前后两个区域，然后用尖尾梳将后区的头发分成上下两部分。

STEP 02

接着用尖尾梳将后区上部分的头发梳理柔顺，并将其向中间收紧，然后将头发向上轻推。

STEP 03

将后区上部分的头发做成一个发包，并用卡子内别固定。

STEP 04

然后在发包上喷适量的发胶，做定型处理。

STEP 05

将电卷棒预热1~2分钟，取右侧少量头发，先将其向内卷、再向外卷，并将发梢全向外卷来对头发进行卷发处理。

STEP 06

再用电卷棒将后区的头发全部以向内卷的方式烫卷。

STEP 07

取后区中间处的一股头发，用尖尾梳梳理。

STEP 08

将取出的头发以向上内卷的方式做内包。

STEP 09

用卡子将后区的包发固定。

STEP 10

将右侧的刘海用尖尾梳梳理出一个弧度。

STEP 11

在右侧刘海上喷适量的发胶，做定型处理。

STEP 12

用电卷棒再次对后区头发进行电卷处理。

STEP 13

然后将后区的头发向上轻推并固定，使后区的头发更为蓬松。

STEP 14

将发胶喷于后区的整个发型，要一边喷，一边用手拉扯定型，使头发固定而蓬松。

STEP 15

用尖尾梳取左侧的刘海。

STEP 16

用电卷棒将左侧刘海进行卷发处理，然后用尖尾梳梳理出一个弧形。

STEP 17

为左侧刘海区喷上发胶，将其固定。

STEP 18

再对整个造型进行轻拉，并喷发胶，将其固定。

STEP 19

选择白色的配饰，并将其点缀在头顶位置，以丰富造型。

STEP 20

一款气质优雅的短发新娘发型便完成了。

案例二

STEP 01

用尖尾梳将头发分出长方形
的刘海区，分好之后，用鸭
嘴夹进行固定。

STEP 02

用尖尾梳将头发后区分出一
个Z字形。

STEP 03

在头发上抹上啫喱膏后，用尖尾梳梳理，使碎发更加伏贴。

STEP 04

将后区所有头发向上梳高，扎成马尾。

STEP 05

用手轻扯马尾周围的头发，包括马尾的左右、上下，以拉扯出线条感，让马尾看起来更加蓬松、自然。

STEP 06

用手轻轻地将后区的马尾整理干净，再用橡皮筋固定梳理好的马尾。

STEP 07

在刘海区喷上适量的发胶，并将刘海区的表面用尖尾梳梳理干净，让头发更加伏贴。

STEP 08

将刘海向头顶位置梳理，紧贴头皮进行固定。

STEP 09

将发尾部分的头发向额头前方梳理，并将其用鸭嘴夹固定。

STEP 10

梳理刘海发尾的头发，用发尾处的头发做刘海，要注意刘海的造型处理，取下刘海处的鸭嘴夹，为刘海喷上适量发胶。

STEP 11

将扎马尾的发尾撕成花苞造型，并用卡子固定。

STEP 12

为整个发型喷上发胶，以保持发型的干净、整洁。

STEP 13

选择皇冠发饰佩戴在头顶位置，以增加发型的丰富感。

STEP 14

一款气质优雅的短发新娘发型便完成了。

5.2　中长发新娘发型

　　中长发的新娘在造型设计时有很多选择，不管是风格定位，亦或是技巧方面都有很灵活变化的选择。在日常生活中，由于长发不易打理，中长发便成了大多数新娘所保留的头发长度，因此，学习制作中长发新娘的发型非常有必要。

案例一

STEP 02

用小号电卷棒将刘海区和顶区的头发横向进行卷发处理。

STEP 03

用尖尾梳将刘海三七分，并将七分的部分固定在右侧。

STEP 01

将头发分为刘海区、顶区和后区，然后用小号电卷棒将后区的头发纵向进行卷发处理。

STEP 04

将发胶均匀地喷在刘海上，然后用手对刘海部分的头发调整定型。

STEP 05

用尖尾梳在顶区取适量的头发，并将其收拢。

STEP 06

用卡子将收拢后的头发固定。

STEP 07

用尖尾梳在顶区的右侧取少量的头发，并将其稍稍梳理柔顺。

STEP 08

将所取的右侧头发向中间卷曲，并且用卡子将其固定。

STEP 09

继续将右侧耳后方的头发向中间卷曲。

STEP 10

用卡子将其固定。

STEP 11

取少量后区左侧的头发，然后将其向上提拉并固定。

STEP 12

喷上发胶，做定型处理。

STEP 13

在左侧取少量头发，并用手将其理顺。

STEP 14

然后将所取的头发向中间提拉，并将其用卡子固定好。

STEP 15

将发箍佩戴在顶区和刘海区分界处，以遮挡分界线。

STEP 16

最后对整个造型做细节处理，一款中长发新娘发型便完成了。

案例二

STEP 01

用尖尾梳分出刘海区，并将头顶处的头发做成卷发，以增加头发的蓬松感。

STEP 02

将后区头顶处的头发收紧并做成一个小发包。

STEP 03

将发包用卡子固定后，喷上发胶定型。

STEP 04

将发包中部的头发用卡子固定，以备之后做造型。将后区剩余的头发做成卷发。

STEP 05

在后区右侧斜向取发片，并将其向内卷至发包右侧。

STEP 06

然后用卡子将翻卷后的造型固定。

STEP 07

再继续取右侧下方的发片，用食指和中指反拧发片，并向上翻卷。

STEP 08

用相同的方法取下方的头发，并将其翻卷。

STEP 09

接着取左侧的一个发片，并用食指和中指反拧发片。

STEP 10

然后顺着取左侧下方的发片，并以尖尾梳的梳尾为轴进行翻卷。

STEP 11

再继续取左侧下方的发片，用食指和中指反拧发片，并向上翻卷。

STEP 12

用相同的方法取下方的头发，并将其翻卷。

STEP 13

接下来将后区正下方的头发用相同的方法向上翻卷，注意发丝纹理的走势要一致。

STEP 14

将做好的造型固定后喷上发胶，注意左右两侧翻卷后的头发要对称。再用双手轻轻拉扯已经翻卷完成的造型，使头发看起来更加饱满、蓬松。

STEP 15

然后取之前所留的发包中部的头发，将其向下轻扯成凌乱的花形，并固定在后区的中心位置，喷上发胶定型。

STEP 16

轻轻整理刘海区域，并斜向取几个刘海发片。

STEP 17

用电卷棒将刘海区的头发做成C形卷。

STEP 18

将做卷发处理后的刘海轻轻地梳理成C形，并用卡子固定。

STEP 19

为刘海区喷上适量的发胶，做定型处理。

STEP 20

最后整理刘海处的碎发，使刘海区更加伏贴。

STEP 21

为头发佩戴合适的饰品，使整个造型更加丰富。

STEP 22

最后整理整个发型，使其整洁、干净。一款优雅含蓄的中长发新娘发型便完成了。

5.3　长发新娘发型

　　长发新娘发型的制作是技术难度较高的。在制作长发新娘发型时，我们首先要考虑整款造型的饱满度，具有足够的发量与长度才可以让造型师尽情发挥。长发在处理过程中不易伏贴，且有很多碎发，在长发新娘发型制作中尤其应该注意。

案例一

STEP 01

将头顶左右两侧的头发向中间轻轻收紧，并用尖尾梳梳理干净。

STEP 02

将收紧的头发在后区偏上方位置轻轻扭转，做出一个发包。

STEP 03

取左侧耳后的头发，并将其分成三股进行三加一编发。

STEP 04

以三加一的方式顺着左侧发际线继续编辫。

STEP 05

将头发编至脖颈处后，再以三股的方式一直编至发尾。

STEP 06

用橡皮筋捆绑编好的头发，并将其固定。

小贴士

在编辫的过程中，取头发的发量一定要均匀，编发的松紧程度要保持统一，这样编出的辫子才均匀、美观。

STEP 07

取右侧耳后的一股头发，并将其分成三股，进行三加一编发。

STEP 08

将右侧区的头发以三加一的方式编至耳根处，再用三股辫的方式编至发尾处结束，并用橡皮筋固定。

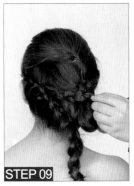

STEP 09

将右侧编完的头发以内卷的方式卷成盘发，并将其用卡子固定。

STEP 10

将左侧编完的头发顺着头部的弧度轻轻拉至右侧。

STEP 11

以内卷的方式将发尾的头发卷成盘发。

STEP 12

再用卡子将盘发固定，注意将卡子隐藏好。

STEP 13

选用银色的吊饰固定在头发后区，以增加发面的丰富度。一款气质优雅的后垂式编发便完成了。

案例二

STEP 02

再将后区剩余的头发用鸭嘴夹固定在左下方。

STEP 03

先将顶部的头发用尖尾梳梳理柔顺，并在刘海处喷上水，将刘海定型。再在顶部的头发上喷水。

STEP 04

取左耳边的头发，并将其分成三股。

STEP 01

用尖尾梳的梳尾从右耳后到左耳前进行分区。注意把分区的线条分干净。

STEP 05

使用三加一的方式在耳后位置编发，开始时要将头发编紧一些，其后的编发可以适当编得松散一些。

STEP 06

沿着右下角的方向，将头发编成发辫。

STEP 07

将头发编至颈部，并将其用橡皮筋绑住。

STEP 08

在左耳边取少量的头发，并将其分成三股。

STEP 09

用三加一的方式编发。如果头发少，则头发的取量不宜太多。

STEP 10

用三加一的方式沿着已经编好的辫子方向继续编发。

STEP 11

将辫子编至发尾，可以与已经编好的辫子衔接。在编发的过程中，编出的发辫要有一定的弧度，然后用橡皮筋将发尾捆绑在一起。

STEP 12

将捆绑后剩余的发尾按照三加一的方式继续编发。一直编至发尾末端后，用卡子固定发尾，注意要将橡皮筋和卡子隐藏好。

STEP 13

在整个发型上喷发胶，保证头发的光洁，然后在头部后方为发型增加饰品。

STEP 14

用手轻轻向上拉扯编好的发尾，让发尾的辫子看起来更加蓬松。一款侧编发珠链长发新娘发型便完成了。

第6章　经典新娘发型

随着人们对美的追求的日益精致化，新娘发型的变化层出不穷。但潮流与时尚不断更替，而经典的味道却永远为大众所追捧。

本章将带领大家了解几款经典持久的新娘发型，并探究这几款经典发型是如何塑造的。本章包括侧盘式新娘发型、上盘式新娘发型、后盘式新娘发型、后垂式新娘发型，以及盘编式新娘发型等经典款式，让我们一起轻松地去学习吧！

6.1 侧盘式新娘发型

　　侧盘式新娘发型以其经久不衰的造型一直广为人众所喜爱，而典雅与高贵是对侧盘式新娘发型最好的诠释。侧盘式新娘发型简单而精致，在耳侧佩戴的发饰很好地修饰了脸部，避免了单调感，让发型与妆面都处于饱满的状态。

案例一

STEP 04

将头发上下分为三层，并分别对发根进行打毛处理，使头发蓬松、饱满。

STEP 05

将打毛的头发用尖尾梳轻轻打理整洁。在用尖尾梳打理的时候，注意只需要轻轻地整理头发表层即可。

STEP 01

将前区的头发作为刘海的部分，用尖尾梳分成三角形。

STEP 02

为头发分区时一定要明显、干净。然后用卡子夹住刘海区分出的部分。

STEP 03

用尖尾梳将头发左侧梳理干净，可以适当地喷一些化妆水，以保证头发的柔顺。

STEP 06

把左侧的头发向右侧梳理，并将头发慢慢转向左耳的下方，使其呈圆弧状，这样头顶看起来也更加饱满。在整理的过程中，注意头发表面要整洁。

STEP 07

将头发置于黄金分割点处，让发型看起来更加自然、和谐。用鸭嘴夹固定好呈圆弧形的头发的后部。

STEP 08

再用尖尾梳打理右侧的头发，使其整洁、干净。

STEP 09

再对前区的刘海做电卷处理。

STEP 10

做电卷处理时，一定要注意技巧，对头发中间要做内卷处理，而对发梢要做外卷处理。

STEP 11

另外还要注意电卷成微卷，卷度不宜过大，否则刘海看起来会不自然。

STEP 12

用尖尾梳简单地梳理刘海，让经过电卷处理的刘海看起来更加自然。

STEP 13

再用尖尾梳的尾部矫正刘海的弧度。

STEP 14

用黑色的卡子将刘海固定。注意要保持刘海的弧度，让额头看起来更加饱满。

STEP 15

取出后区用于定型的鸭嘴夹，并用卡子固定右侧的头发，卡子要与头皮紧贴，别卡子的方向如图所示，注意将卡子隐藏好。

STEP 16

用尖尾梳打毛右侧的发梢。

STEP 17

经过打毛处理的头发看起来蓬松、饱满，但要注意用卡子别住的头发要整洁、干净。

STEP 18

用尖尾梳的尾部将头发向内裹，做出一个弧，使头发呈圆弧形。

STEP 19

用黑色卡子横向别住头发，注意卡子要平行。

STEP 20

选择白色的发饰，并将其用卡子别在头发上。

STEP 21

将发胶呈雾状喷在头发上，为头发做最后的定型。一款气质优雅的侧盘式新娘发型就完成了。

案例二

STEP 01

用尖尾梳将顶区的头发分成一层一层的发片，然后将发根处打毛，使头发更具有蓬松感，以修饰新娘的脸形。

STEP 02

用尖尾梳轻轻地梳理蓬松头发的表面。

STEP 03

取左侧一小股头发，并将其用左手握住。

STEP 04

再在相邻的位置取发量相同的两股头发。

STEP 05

采用两股加一的方法对头发进行编辫，注意发量要均匀。

STEP 06

沿着头部的左侧编发，一直编到右侧，再用橡皮筋将辫尾固定。然后将编好的头发整个向右侧轻拉成弧形。

STEP 07

将辫子由发尾向上轻卷，并将其卷入头发的内部。

STEP 08

最后用卡子将头发固定，并保证卷好的头发不会散落。

STEP 09

为整个头发喷上少量发胶，使发型整洁、干净。用尖尾梳梳理顶部头发，让碎发更加伏贴。

STEP 10

将珍珠链饰品放在紧贴右耳的后方位置。

STEP 11

再取珍珠饰品，并将其放置于右耳的上方，以增加发型的丰满度。

STEP 12

用卡子将发饰固定，并注意将卡子隐藏好。

小贴士

珍珠链饰品的整理方法也非常有讲究。常见的珍珠链有一定的长度，用它来装饰头发必须先将其卷裹。具体方法是先将珍珠链卷一个小圆，再将其卷一个大圆，小圆与大圆交替卷裹，然后根据饰品要表现的效果来决定卷裹的多少。

STEP 13

用尖尾梳整理右侧的刘海。

STEP 14

先将电卷棒预热3分钟，然后将刘海由内向外卷裹，对刘海做卷发处理。

STEP 15

将适量的发胶喷在刘海上，使刘海造型更持久。

STEP 16

最后整理头发的毛糙处。这样，一款侧盘式新娘发型就完成了。

6.2　上盘式新娘发型

　　俏皮而不失庄重的上盘式新娘发型让新娘在婚礼当天神采奕奕。上盘式新娘发型不仅能让新娘看起来精神奕奕、充满朝气，而且能更加完美地展现新娘精致的面部轮廓，其简洁的特点广受新娘们的喜爱。

案例一

STEP 01

用电卷棒将后区的头发电卷。做卷发处理的部分要集中在头发的中部和发梢处，让头发看起来有蓬松感。

STEP 02

用尖尾梳将左侧的头发集中到右侧，并将头发梳理整齐、干净。

STEP 03

以尖尾梳的梳尾为轴，将右侧的头发做成螺旋状的盘发。这个步骤是这款发型的核心。在盘发的时候，一定要将所有的头发向上盘，并用力包裹尖尾梳的梳尾。注意头发要整洁，防止小碎发掉落。

STEP 04

将头发裹好后，取出尖尾梳，并用黑色卡子将头发固定。固定头发时要掌握一定的技巧，用黑色卡子固定盘发位置和高度的过程中，卡子要贴紧头皮，且方向呈斜向下，否则盘发很容易散落。

STEP 05

用电卷棒将头顶处的发梢电卷。为了保证发梢的美感，采用内卷的方式进行处理。

STEP 06

用手将经过电卷处理的发梢进行整理，让头发看起来蓬松且略显凌乱。再用发胶将头发定型，要注意使头发各个层次分明。

STEP 07

接下来为发型搭配饰品。在前额处佩戴水钻饰品。

STEP 08

搭配饰品后，上盘式新娘发型使新娘透露出简约的气质美。

案例二

STEP 04

将刘海三七分，并用尖尾梳梳理好头发。然后为整个头发喷上少量的发胶，做固定处理。

STEP 05

用尖尾梳将后区的头发梳整齐，并向上扎马尾，注意马尾与刘海要分开。

STEP 01

将电卷棒预热3分钟，然后用电卷棒以向内卷裹的方式从发梢向发根处卷裹。

STEP 02

用相同的方法对整个头发进行电卷处理。为避免烫伤头皮，用电卷棒从发尾起只对头发的2/3进行卷发处理。

STEP 03

用尖尾梳将头发分区。

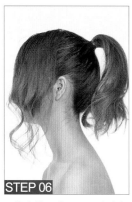

STEP 06

用橡皮筋固定马尾,注意捆绑马尾的位置要高一些。

STEP 07

从马尾中分出一缕头发,并用尖尾梳稍微打毛。

STEP 08

用手整理打毛的头发,然后握住发梢,对头发进行扭转。

STEP 09

将头发从发梢处向上卷裹到扎马尾处,并用卡子固定。

STEP 10

接着用相同的方法整理马尾中剩下的头发。

STEP 11

用卡子固定所有向上卷裹的头发,并注意将卡子隐藏好。整理头发,让盘起的头发更加蓬松。

小贴士

在盘发过程中,为了使头发看起来更加蓬松,可以将头发多分几缕进行打毛、卷裹,并在固定时尽量向上整理。

STEP 12

在刘海位置喷上少量的发胶。

STEP 13

然后用尖尾梳梳理刘海,并将刘海整理到左耳的后面,用卡子将其固定。

STEP 14

将刘海多余的发尾用卡子以圈状固定在盘发的周围。

STEP 15

选择花饰,并用卡子将其固定在盘发的右侧。

STEP 16

最后整理碎发,使造型更干净、整齐。一款突显新娘气质的上盘式新娘发型就完成了。

6.3 后盘式新娘发型

后盘式新娘发型更多地展示了新娘的成熟之美，褪去了新娘的活泼与俏丽；更多地增添了岁月沉积之后的成熟与端庄，这便是后盘式的经典之处。

案例一

STEP 04

以蜈蚣辫的方式将中部的头发进行编发。

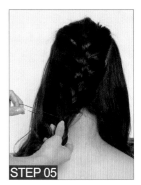

STEP 05

在编发过程中，要注意所取的头发要均匀，这样编出来的辫子才自然。将头发编至发尾后，用黑色橡皮筋将其固定。

STEP 01

用电卷棒为头发做微卷处理，让头发看起来具有蓬松感。

STEP 02

用尖尾梳将头发均匀地分成左、中、右三个部分。注意头发分区一定要干净、明显。

STEP 03

首先将中部的头发均匀地分成三股，并开始编发。

STEP 06

将辫尾向内卷入辫子中，并用黑色卡子固定。

STEP 07

用电卷棒将左侧的头发电卷。注意要全部采用向内电卷的方式。

STEP 08

取右侧最靠近中部的一缕头发，并将其用尖尾梳梳理整洁。

STEP 09

然后将这一小缕头发以螺旋式轻轻地旋转，并将其穿过中间编发区域。

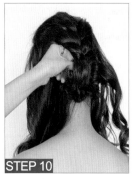

STEP 10

再将经过旋转的头发从下方呈圆弧形别在编发区域。圆弧形的造型要留出一根手指宽的空隙。

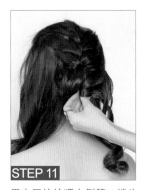

STEP 11

用尖尾梳梳理右侧第二缕头发，以同样的方法对头发进行圆弧形的镂空处理。

STEP 12

接下来继续以同样的方法将下一缕头发向内卷裹做镂空造型。在卷裹的过程中，要注意头发的层次性和整洁度。

STEP 13

以相同的方法将右侧最后一缕头发处理完成。

STEP 14

对左边区域的头发以相同的方法进行盘发处理。注意左右两侧的造型要对称，并用黑色卡子将头发整体固定好。

STEP 15

然后向外轻轻拉扯盘好的头发，使头发看上去更加蓬松、自然。再喷上适量的发胶，以保证头发的整洁，并增加发型的持久度。

STEP 16

选择白色的头纱饰品，并用黑色卡子将其固定在头部的左上方位置。

STEP 17

将小珠钻饰品插在头发的空隙处，让发型看起来更加饱满。一款后盘式新娘发型就完成了。

案例二

STEP 01

在左侧取一股头发。

STEP 02

将所取的头发均匀地分成两股。

STEP 03

将两股头发交替扭转，编成麻花状。

STEP 04

用卡子将编好的头发固定在头发的后区位置。

STEP 05

用尖尾梳分出右侧的头发，并将其用卡子固定。

STEP 06

再用橡皮筋将后区剩余的头发全部捆绑在一起。注意发丝要整洁。

STEP 07

将距发尾5厘米处的头发捆绑。

STEP 08

再用橡皮筋在距发尾2厘米的位置将头发捆绑。

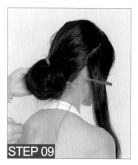

STEP 09

然后以内翻卷的方式将头发固定在第一根橡皮筋上，并做成一个发包。

STEP 10

将之前右侧分出的头发轻轻缠绕在橡皮筋处，以遮住橡皮筋的痕迹。

STEP 11

再用卡子将缠绕的头发固定好。

STEP 12

用尖尾梳对发包进行梳理，以确保发包的整洁。

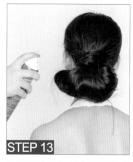

STEP 13

为后区的发包喷上适量的发胶，以降低头发的杂乱感。

STEP 14

然后轻轻地拉扯发包，使发包看起来更加蓬松、自然。

STEP 15

用卡子固定左侧的辫子，以确保其不易散落。

STEP 16

选取适当的花朵配饰，并将其用卡子固定在发包左侧位置，使造型更加生动、美观。

STEP 17

最后梳理头发前区的刘海。一款气质优雅的后盘式新娘造型便完成了。

6.4　后垂式新娘发型

后垂式新娘发型常常以低马尾的形式出现，再搭配多样的编辫与繁多的饰品，使看似简单的后垂式新娘发型更多了几分生机与活力。与其他新娘发型相比，后垂式新娘发型能够更好地修饰新娘的背部线条，使新娘更加优雅、高贵。

案例一

STEP 01

将顶部左右两侧的头发向后区中间位置收紧，做成包发，并将其用卡子固定。

STEP 02

喷上适量的发胶，固定包发的造型。

STEP 03

在左侧取一小股头发，并将其分成三股，以三股辫的方式编发，一直编至发尾，并将其用橡皮筋固定。然后将辫子用卡子固定在右耳的上方。

STEP 04

再用相同的方法将右侧的一小股头发编辫，并上下轻扯辫子，将其扯松散。

STEP 05

将右侧编好的辫子轻拉至左耳的上方，并用卡子将其固定。

STEP 06

用相同的方法对头发进行编辫并固定，使后区的编发有层次感和厚重感。

STEP 07

取右侧耳后的头发，并将其向后区中心点位置翻卷并固定。

STEP 08

再取左侧耳后的一股头发，用相同的方法将其翻卷并固定。

STEP 09

继续以相同的方法对后区剩余的头发依次翻卷并固定。注意后区头发左右两侧的对称性和衔接度，并用卡子将其内别固定。

STEP 10

取发尾处的头发，对后区剩余的头发进行缠裹，并用卡子将剩余的头发固定。

STEP 11

将电卷棒预热1~2分钟后，对发尾剩余的头发做卷发处理。

STEP 12

将白色的珠链固定在后区的上方位置，并插上适量的珠钗做修饰。

STEP 13

将珠链以圈状固定在发尾位置，以增强整个发型的饱满感。

STEP 14

一款亮丽而有气质的长发新娘发型便完成了。

案例二

对头发顶部进行简单的分区。

STEP 02

将分区后顶部的头发做成包
发,并用卡子将其固定牢固。

STEP 03

用尖尾梳打毛定型的包发,
以增加其弧度。

STEP 04

在头发顶部喷上适量的发胶,
做简单的定型处理。

STEP 05

在头发右侧取一小股头发，将其扭转，并向中间包发的位置靠拢。

STEP 06

再用卡子将头发固定，注意将卡子隐藏好。

STEP 07

用相同的方法在左侧取一小股头发，并以旋转的方式将头发向中间靠拢。

STEP 08

用卡子以横别的方式将头发固定。

STEP 09

将中间的头发拧成一股，并进行旋转。

STEP 10

然后用卡子将旋转成型的头发固定在后区中间位置。

STEP 11

将后区的头发纵向分出两股，再在左右两侧取等量的两股头发。

STEP 12

将左右两侧的头发以C形卷的手法内卷。

STEP 13

用卡子将C形卷固定在头发后区中间位置。

小贴士

对C形卷的处理上，为了使整个发型看起来均匀而连贯，选取左右两侧头发的发量一定要基本相同。而在C形卷的固定过程中，要使其上下的距离保持一致。

STEP 14

依次将后区剩余的头发做成左右对称的C形卷，并将其用卡子固定。

STEP 15

对卷好的C形卷做简单的整理，以使后区的发型更整洁。

STEP 16

用电卷棒将发尾做内卷处理。

STEP 17

用发胶对整个后区头发进行定型。

STEP 18

选取一些白色的小花，并将其点缀在头发后区凹陷处，以使整个造型更加饱满。

STEP 19

一款清新而有气质的长发新娘发型便完成了。

6.5　盘编式新娘发型

　　盘编式新娘发型的可变化性很强，通过运用不同的分区及不同的编发技巧，盘编式新娘发型可以更加多样化。而掌握编发技巧是这款新娘发型的关键点，也是学习的难点。学好了编发技巧，就会对塑造高雅端庄的盘编式新娘发型更得心应手。

案例一

STEP 01

在头顶横向取一股头发，并将其分成三缕。先对顶部的头发做三股辫编发。

STEP 02

在侧面取头发，并将其加入编发的几股头发中，采用三加二的方式继续将头发编发。

STEP 03

将头发一直编至发尾处。注意所取发量要均匀。

STEP 04

用橡皮筋捆绑发尾，并将其固定。

STEP 05

将发尾的头发向内进行一次卷裹，并用卡子将发尾固定。

STEP 06

再将头发整体向内卷裹，并用卡子以内别的方式将其固定。

STEP 07

为整个发型喷上适量的啫喱水，使发型更加整洁、干净。

STEP 08

在头发后区装饰白色的小花饰品，使整个发型看起来更加饱满、丰富。一款清新亮丽的盘编式新娘发型便完成了。

小贴士

将小花饰品固定在编发中的一些空隙处，不仅可以修饰空隙的不美观，而且可以让整个发型更丰富。

案例二

STEP 02

为左侧的头发喷上适量的水，使头发更加伏贴，以便于编辫。

STEP 03

在左侧眉尾上方取一股头发，并将其分成三缕。

STEP 04

用三加二的方式将头发沿着左侧发际线向后方编发。

STEP 01

用尖尾梳将后区头发分成左右两部分，并将右侧的头发用鸭嘴夹固定。

STEP 05

将头发一直编至耳后位置的时候，采用三股辫的方式对发尾继续编发。

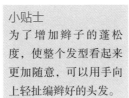

小贴士

为了增加辫子的蓬松度，使整个发型看起来更加随意，可以用手向上轻扯编辫好的头发。

STEP 06

再取右侧眉尾上方的一股头发，然后用相同的方法将其分成三缕。

STEP 07

用相同的方式进行编发，注意在头顶部位依然采用三加二的方式将头发编至耳后处。

STEP 08

再采用三股辫的方式对发尾继续进行编发。

STEP 09

然后将左右两侧的辫子用卡子内别在一起。

STEP 10

将发尾向下内卷，藏在头发里面。

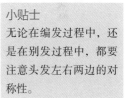

小贴士

无论在编发过程中，还是在别发过程中，都要注意头发左右两边的对称性。

STEP 11

用卡子以内别的方式将卷裹的头发固定。

STEP 12

在头发后区用卡子固定白色的蝴蝶结饰品，以修饰后区发型。

STEP 13

将电卷棒预热1~2分钟，然后将刘海区的头发进行卷发处理。

STEP 14

用水钻皇冠装饰新娘头顶位置。一款优雅的新娘发型便完成了。

第 7 章　不同风格新娘发型

我们常见的新娘发型风格一般有婉约韩式新娘发型、气质欧式新娘发型、喜庆中式新娘发型、可爱日系新娘发型等。发型设计师往往根据新娘的独特气质为新娘量身定制更适合她们的发型。

本章将带领大家认识不同风格的新娘发型，并学习针对不同风格的新娘发型的造型方法和设计技巧。下面让我们一起进入本章的学习吧！

7.1 婉约韩式风格

婉约韩式新娘发型以其简单的造型和精致的细节处理广受时尚女性的喜爱。韩式新娘发型的要点在于发型要整洁、柔顺，而过多的啫喱水和发胶会让整个发型看起来生硬。下面让我们通过下面两款发型的学习去掌握韩式新娘发型的技巧吧！

案例一

STEP 03

取右侧贴近耳朵位置的一股头发，并用卡子将其固定在耳朵后面。

STEP 04

取左侧耳后的一股头发，以食指为轴向内翻卷，并将其用卡子固定。

STEP 01

用尖尾梳将整个头发梳理干净、柔顺。

STEP 02

取左侧贴近额头的一股头发，并将其轻拉至后区偏右的位置，然后用卡子将其固定。

STEP 05

在左侧用相同的方法依次取下方的头发，以尖尾梳的梳尾为轴向上翻卷，并将其用卡子固定。

STEP 06

再取右侧耳后的一股头发，用相同的方法将其翻卷并固定。

STEP 07

取后区中间位置的头发。

STEP 08

将所取的头发以卷筒的方式向上进行内翻卷，然后将其用卡子固定。

小贴士
在对后区上部分进行翻卷的时候，由于是按照左、右、中依次进行翻卷，所以一定要注意三个部分翻卷后要在同一水平线上。

STEP 09

将剩下的头发用橡皮筋捆绑在中间位置。

STEP 10

再对捆绑好的头发以卷筒的方式卷裹，并将其用卡子固定。

STEP 11

用手轻轻撕扯卷裹好的头发，使头发自然蓬松，并呈扇形。

小贴士
对下部分头发的卷裹固定时，一定要注意与上部分卷裹好的头发衔接好，并将卡子隐藏好。

STEP 12

在后区盘发的上部分选择适量的珍珠钗摆放成圆弧形，以修饰后区。

STEP 13

再选择适量的白色小花，将其固定在珍珠钗的中间位置。

STEP 14

经过发饰的装饰，使发型更加丰富。一款气质优雅的低盘式婉约韩式新娘发型便完成了。

案例二

STEP 01

用尖尾梳将头发进行二八分区处理,再用尖尾梳梳理刘海,注意刘海的梳理弧度,梳理好后,将刘海用鸭嘴夹固定。

STEP 02

将眼尾处的刘海梳理成圆弧形后,用鸭嘴夹将其固定。

STEP 03

将刘海包住耳朵,并用鸭嘴夹将其固定。

STEP 04

将整个刘海区用鸭嘴夹固定后,在刘海处喷上适量的发胶进行定型。

STEP 05

在头发后区横向取圆弧形发片,并将其打毛,以增加头发的蓬松度。

STEP 06

用尖尾梳将头发梳理干净,使头发看起来非常平整。

STEP 07

将头发整体向右侧梳理,在梳理过程中,一定要保证头发的整洁。

STEP 08

在头发与肩平行的位置别上鸭嘴夹,将头发做简单固定。

STEP 09

将后区的头发平均分成两股,并用尖尾梳将发尾梳理干净。

STEP 10

在左侧头发上喷适量发胶,让头发更加伏贴。

STEP 11

将左侧的头发用食指和中指夹住,并将其反拧至右侧。

STEP 12

将左侧头发从右侧头发下侧绕过,并轻轻取下右侧的鸭嘴夹,再用卡子以向上内别的方式将头发固定。

STEP 13

用鸭嘴夹从上至下夹住头发，并将其固定。

STEP 14

将发尾处的头发用尖尾梳打毛。

小贴士

这款新娘发型最重要的便是保持头发光洁。无论是在头发的梳理中，还是在头发的旋转上盘步骤中，都必须保证整个头发的伏贴，喷上适量的清水或者发胶来去除头发的毛糙感。

STEP 15

将发尾分为两股，取其中一股进行梳理后，喷上适量的发胶，以去除头发的毛糙感。

STEP 16

将头发向上翻卷，并用卡子将其固定。

STEP 17

用尖尾梳梳理剩余的后区头发。

STEP 18

将梳理好的头发向右上方翻卷，并轻轻取下所有剩余的鸭嘴夹。

STEP 19

选择适量的饰品，并将其固定在后区，使整个发型更加丰富。

STEP 20

为整个发型喷上发胶，去除头发的毛糙感。

STEP 21

一款气质清新的下盘式韩式新娘发型便完成了。

7.2 气质欧式风格

　　身材高挑的时尚女性往往偏爱气质的欧式风格新娘发型。欧式新娘发型突显新娘高雅端庄的时尚气质，搭配的饰品是欧式新娘发型的点睛之笔。下面我们来学习这款气质欧式风格新娘发型。

案例一

STEP 01

用尖尾梳将头发三七分区。

STEP 02

取头顶的发片，并将发根周围打毛，以增加头发的蓬松感。

STEP 03

收紧左右两边的头发，在头发后区做出一个发包，并将其用卡子固定。

STEP 04

在发包处喷上适量的水，使头发更加伏贴。

STEP 05

用尖尾梳梳理发包表面，以保证发包表面的光洁。

STEP 06

将头发统一整理到后区，并用橡皮筋扎成一个马尾。

STEP 07

沿着发尾向上打毛，以增加头发的蓬松感。

STEP 08

再在距离发尾5厘米的地方捆绑上橡皮筋。

STEP 09

将头发向上翻卷，并做成一个发包的形状，接着将其用卡子固定。注意用头发遮盖住卡子。

STEP 10

用手轻轻拉扯盘好的头发，将发包拉扯得更加蓬松。

STEP 11

用尖尾梳梳理刘海，使其整洁而伏贴，再用卡子将刘海固定。

STEP 12

在刘海处喷上发胶。

STEP 13

在整个发型上喷发胶，以去除头发的毛糙感。

STEP 14

在头发的右侧，从头顶到发包上方位置，零星地装饰几朵小花。

STEP 15

选择稍长的头纱，并将其沿着发际线位置包裹整个头发。

STEP 16

用卡子固定好头纱，确保头纱不易掉落。一款优雅气质的欧式风格新娘发型便完成了。

STEP 01

将电卷棒预热3分钟，并将头发的发梢处由外向内卷裹，对发梢处的头发做卷发处理。

STEP 02

在经过卷发处理的发梢处喷上少量的发胶。

STEP 03

用尖尾梳向后梳理左侧的头发。

STEP 04

用卡子在贴紧头皮的位置将头发别好。

STEP 05

用头发遮盖卡子，将卡子隐藏在头发中。

STEP 06

在左侧贴近耳朵处取两股头发，注意发量要均匀。

STEP 07

将取出的两股头发交叉拧到后区。

STEP 08

再用卡子将其固定在后区。

STEP 09

将右侧贴近耳朵的头发均匀地分成三股。

STEP 10

采用三股添加辫的方式编发，编至头发长度的1/2时，采用普通三股辫的方式继续编发。

STEP 11

用橡皮筋将编好的头发捆绑牢固。

STEP 12

将所有头发握于左手，并用尖尾梳梳理顶部头发，以保持头发的整洁、干净。

STEP 13

用橡皮筋捆绑头发，注意在捆绑头发的过程中，要将头发向偏右的位置固定。

STEP 14

在捆绑好的头发的右侧取一股头发，并将其均匀地分成三股。

STEP 15

采用三股辫的方式编发，编发不宜过紧。

STEP 16

然后用橡皮筋捆绑好头发后，用右手轻轻拉扯编好的头发，以增加辫子的松散度。

STEP 17

将编好的辫子向左卷裹捆绑的橡皮筋。

STEP 18

用卡子将卷裹的辫子固定。

STEP 19

用相同的方法取马尾左侧的一小股头发做编发处理。

STEP 20

将编好的辫子轻轻拉扯，使其变得蓬松。

STEP 21

将辫子上盘并用卡子固定。

STEP 22

用左手轻握剩下的头发。

STEP 23

沿着盘好的发包继续向上卷裹。

STEP 24

用卡子将头发固定，盘发的基本样式就完成了。

STEP 25

用尖尾梳轻轻地梳理顶部头发，保持整个发型的整洁和干净。在梳理的过程中，注意回避左右两侧已经编好的头发。

STEP 26

在整个发型上喷上发胶。

STEP 27

取适量的珍珠饰品点缀在头发后区。注意插入珍珠饰品时不要弄伤头皮。

STEP 28

将所有珍珠饰品沿着左右两侧辫子的方向进行装饰，形成一个弧形。

STEP 29

将配饰固定在头发上，避免发型显得单调，丰富整个造型。

STEP 30

最后用尖尾梳调整和梳理整个发型。一款盘编式欧式风格的新娘发型便完成了。

7.3 喜庆中式风格

对于中式婚礼及传统的酒宴礼服而言，喜庆的中式新娘风格格外地夺人眼目。典雅喜庆的旗袍搭配优雅端庄的中式新娘发型，让婚礼更增添了一份吉祥。

案例一

STEP 01

用尖尾梳梳理所有头发，并抚平表面的小碎发，保持其整洁度。

STEP 02

用尖尾梳将刘海三七分。

STEP 03

用尖尾梳将头发分为顶发区和后区，然后梳理后区的头发。

STEP 04

在顶发区取适量的头发，并用尖尾梳将其打毛，增强头发的蓬松度。

STEP 05

用卡子将顶发区的头发固定在头发的后区。

STEP 06

取顶发区右侧的头发，并用手将其轻轻地整理柔顺。

STEP 07

将所取的头发向后区聚拢，并用卡子将其固定在头发的后区。

STEP 08

取顶发区左侧的头发，并用手将其轻轻地整理柔顺后向后区聚拢，然后用卡子将其固定在头发的后区。

STEP 09

将两侧的头发稍稍拉紧，然后以C形卷依次向中间聚拢。

STEP 10

将头发用卡子固定在两侧头发卷好的聚拢处，并且稍稍调整头发，使头发遮挡住卡子。

STEP 11

用手稍稍整理发尾处的头发。

STEP 12

将发尾处的头发卷入上方卷好的头发中，使后区发型更加饱满，用卡子将卷好的头发固定。

STEP 13

将皇冠佩戴在新娘的前区。

STEP 14

将精致的珠钗饰品零星地点缀在发辫中间处。

STEP 15

最后对整个造型的细节做处理。一款充满魅力的喜庆中式新娘发型便完成了。

案例二

STEP 01

将刘海三七分，并喷上发胶，用手抚平刘海区的小碎发。

STEP 02

用尖尾梳简单地对右侧分出的刘海做定型处理。

STEP 03

将发胶喷洒在左侧，处理左侧的小碎发。

STEP 04

用尖尾梳将左侧的头发向后区梳理并定型。

STEP 05

用左手固定下方的头发，并利用尖尾梳将左侧的头发全部向右梳理，覆盖住右侧的头发。

STEP 06

在梳理好的头发上喷上发胶，并做定型处理。

STEP 07

将卡子分别固定在后区最下端的头发上。

STEP 08

用手指将左区覆盖的头发稍稍推开，并将此处的头发向内翻卷。

STEP 09

用卡子固定好已经卷好的头发。

STEP 10

将右侧顶发区的头发向上方内翻卷，并用卡子将其固定。

STEP 11

用手指稍稍拉松刚刚固定完成的头发，使发卷显得更加自然。

STEP 12

用手指将后区所有的头发沿着其本身自然卷曲的幅度向上翻卷至后区。

STEP 13

用卡子固定已翻卷完成的头发的发根。

小贴士

在翻卷头发时，一定要注意所用的力度不能太松，否则在处理的时候头发容易散落下来，而影响造型的美观。

STEP 14

将垂落的发尾自然地向后区收拢。

STEP 15

用卡子将收好的发尾固定。

STEP 16

将顶发区剩下的头发用手整理干净。

STEP 17

用卡子将整理好的头发固定在后区头发的中间位置，使发尾自然下垂。

STEP 18

用卡子固定后区下端的头发，以防止头发散落。

STEP 19

在整理好的后区零星地点缀精美的珠钗。

STEP 20

最后对整个造型的细节做处理。一款随意而精致的喜庆中式新娘发型便完成了。

案例三

STEP 03

用卡子将其固定在真发上，使其看起来与真发衔接自然。

STEP 04

将最前端适量的刘海向后包住假发包，然后用卡子将其固定。

STEP 05

在头顶右侧再摆放一个合适的假发包。用卡子将其固定在真发上，使其看起来与真发衔接自然。

STEP 01

用尖尾梳梳理所有的头发，并处理好表面的碎发，使其更加整洁。

STEP 02

选择一个合适的假发包，并将其摆放在头顶的位置。

STEP 06

在右侧假发包前面取适量的头发，将其向后拉并遮盖住假发包，然后用卡子将这部分头发固定。

STEP 07

继续选择一个合适的假发包，然后将其摆放在头部的左侧，并用卡子固定在真发上。

STEP 08

同样取假发包前面适量的头发，将其向后拉并遮盖住假发包，注意左右两侧的造型要对称。

STEP 09

将所取的头发进行翻卷后，用卡子将其固定在头发的左侧。

STEP 10

收拢后区剩余的头发，并用手稍稍整理，使头发更加柔顺。

STEP 11

将左手放在后区头发的中间位置，并用右手将发尾向内拉高。

STEP 12

以卷筒的方式将头发向内卷，并用卡子将其固定。在卷完之后，用手调整两侧头发的幅度，使其对称。

STEP 13

将主配饰轻轻地佩戴在头部最前端，使上面的吊坠处于额头上方正中的位置。

STEP 14

在头发的左右两侧各点缀两朵小花。

STEP 15

在头发的后侧同样点缀两朵小花，使整个发型更加丰富。

STEP 16

喷上发胶，对整个发型做定型处理。

STEP 17

最后处理造型的细节。一款大气端庄的中式新娘发型便完成了。

STEP 01

将头发分成顶发区和后区两个部分。

STEP 02

用尖尾梳整理后区前端的头发，使头发更加整洁。

STEP 03

选择一个假发包，然后将其固定在头顶分界线中间的位置。

STEP 04

用尖尾梳将顶发区的头发向后聚拢，并将其梳理整洁，使头发将假发包遮盖住。

STEP 05

喷上发胶，对该部分头发做定型处理。

STEP 06

用卡子将顶发区的头发固定在头部后方适当的位置。

STEP 07

从左侧耳后方取部分头发，并用尖尾梳将其向右侧横梳。

STEP 08

将头发向内侧卷裹，并用卡子将其固定。

STEP 09

从右侧耳后方取部分头发，并用尖尾梳将其向左侧横梳。

STEP 10

同样将头发向内侧卷裹，并用卡子将其固定。

STEP 11

用尖尾梳整理前部分的碎发，使其表面更整洁。

STEP 12

将精美的发饰固定在头部最前面的位置。

STEP 13

将用于点缀的卡子别在头顶靠前处的左侧。

STEP 14

同样将用于点缀的卡子别在头顶靠前处的右侧，使整个发型显得更加华丽。

小贴士

在佩戴发饰的时候，为了避免将已经塑造好的发型弄乱，可以在佩戴之前确定好发饰应佩戴的位置，再进行佩戴。

STEP 15

取左侧耳根处部分头发，并将其向右侧拉，以遮挡住前面在此处理好的头发。

STEP 16

用卡子将其固定在右侧靠上的位置。

STEP 17

取右侧耳根处部分头发。

STEP 18

将该部分头发向左侧平拉至左耳根处。

STEP 19

然后用卡子将其固定。

STEP 20

将发饰后侧的饰品佩戴在固定假发包的位置。

STEP 21

最后对整个发型做细节处理。一个庄重喜庆的中式新娘发型便完成了。

7.4 可爱日式风格

对于90后的年轻新娘而言，可爱的日式新娘发型或许是她们的心头所爱。可爱俏皮的日式发型具有减龄的效果，适合身材娇小、长相甜美的新娘。下面我们一起来学习这款发型的要领吧！

案例一

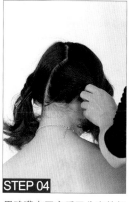

STEP 04

用鸭嘴夹固定后区分出的部分头发。

STEP 05

在刘海区取发片，并将其打毛。

STEP 01

用尖尾梳分出一个长方形刘海区。

STEP 02

用鸭嘴夹将刘海固定。

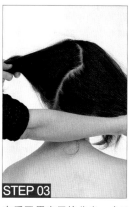

STEP 03

在后区用尖尾梳分出一个Z字形。

STEP 06

再用尖尾梳将刘海梳理干净，并将其整理成片状，然后用鸭嘴夹将其固定，使刘海造型更具有立体感。

STEP 07

用发胶对碎发进行处理，去除刘海区碎发的毛糙感。

STEP 08

用相同的方法处理分出的整个刘海区的头发。每处理一处都要用鸭嘴夹将其固定。

STEP 09

为每一固定的地方都喷上发胶。

STEP 10

轻轻取下刘海区所有的鸭嘴夹，并用手轻轻地整理刘海。

STEP 11

以左手的食指为轴，先将发梢顺着向上卷裹。

STEP 12

用卡子将刘海卷裹区的头发内别固定。

STEP 13

在刘海处喷上适量的发胶并定型。

STEP 14

用鸭嘴夹固定刘海的形状，让刘海看起来更加自然。

STEP 15

将电卷棒预热1~2分钟，并将其放在刘海处，让刘海扁平而伏贴。

STEP 16

用手整理刘海，通过按压、轻扯等方式，让刘海更加自然。

STEP 17

对右侧的头发进行梳理，并喷上适量的发胶，使头发更加伏贴。

STEP 18

以横向别卡子的方式将右侧的头发固定。

STEP 19

用尖尾梳将右侧的头发打毛，以增加头发的蓬松感。

STEP 20

将打毛的头发表面轻轻地梳理干净。

STEP 21

将梳理整齐的头发向外翻卷，做成一个发包。

STEP 22

用卡子将发包以内别的方式固定。

STEP 23

在发包处喷上适量的发胶做定型处理。

STEP 24

用相同的方法将左侧的头发以横向别卡子的方式固定。

STEP 25

再将打毛的头发做外翻固定处理，左右两侧要保持对称。

STEP 26

为发包喷上适量的发胶，将造型固定。

STEP 27

将蕾丝发带固定在头顶，避免发型的单调感。

STEP 28

将皇冠配饰固定在发带上方，使整个发型更有立体感。

STEP 29

一款俏皮可爱的日式新娘发型便完成了。

案例二

STEP 01

用尖尾梳分出刘海区，并将刘海梳理整洁。

STEP 02

选择合适的刘海长度，并将尖尾梳的梳尾放在刘海的内侧。

STEP 03

以尖尾梳的梳尾为轴，将刘海的发尾向内卷裹。

STEP 04

将卡子以45°角内别，固定刘海。

STEP 05

将电卷棒预热1~2分钟，取耳朵两侧的一小股头发，并将其用电卷棒做卷发处理。

STEP 06

用尖尾梳沿着耳朵上部分出左上区的头发，注意将头发分干净。

STEP 07

用尖尾梳将左上区的头发打毛，增加头发的蓬松感。

STEP 08

将左上区的头发以卷筒的方式向内卷裹。

STEP 09

用卡子内别，以固定造型。

STEP 10

用尖尾梳分出右上区的头发，注意与左上区的对称。

STEP 11

用尖尾梳以相同的方法将头发打毛。

STEP 12

用相同的方法，将右上区的头发以卷筒的方法内卷，并用卡子固定造型。注意将卡子隐藏好。

STEP 13

用卡子处理刘海的发尾与右侧造型的衔接。

STEP 14

将白色的蝴蝶结固定在刘海与右侧造型的衔接处。

STEP 15

用尖尾梳梳理后区的头发，使其整洁、干净。

STEP 16

用橡皮筋将后区的头发扎低马尾。

STEP 17

将电卷棒预热后，对马尾部分的头发做卷发处理。

STEP 18

最后对整个造型做定型处理，并保证整个发型光洁自然。一款可爱俏皮的日式新娘发型便完成了。

7.5　成熟知性风格

　　成熟女性的知性风格在时下十分流行，其褪去少女的粉嫩与青涩，以崭新的知性女性形象开始自己的新篇章，这正是成熟知性风格所追求的。下面让我们具体来学习成熟知性风格新娘发型的制作方法。

案例一

STEP 03

对电卷后的刘海区进行轻轻地整理，并喷上发胶，保持刘海的造型。

STEP 04

取右侧的头发，并用尖尾梳将其打毛。

STEP 01

将电卷棒预热1~2分钟，以向内卷裹的方式对后区的头发做电卷处理。

STEP 02

用电卷棒以向外卷裹的方式将刘海区的头发做卷发处理。

STEP 05

用尖尾梳将头发梳理整洁之后，在发尾处用橡皮筋捆绑。

STEP 06

沿着发尾的头发向上内卷捆绑的头发。

STEP 07

将右侧所有的头发以卷筒的方式卷裹到后区。

STEP 08

用卡子将卷裹好的头发固定。注意将卡子隐藏好并将头发整理得蓬松自然。

STEP 09

取左侧的头发，用尖尾梳将其打毛。

STEP 10

在左侧发尾处用相同的方法捆上橡皮筋。

STEP 11

同样地将左侧所有的头发以卷筒的方式卷裹到后区，并将其用卡子固定。

STEP 12

用尖尾梳梳理刘海区的头发，并将其以卷发的弧度向上翻卷。

STEP 13

将翻卷的刘海造型用卡子固定。注意将卡子隐藏好。

STEP 14

在刘海区及后区整个发型上喷发胶，将造型固定。

STEP 15

将白色的头纱固定在头发右侧的位置，以增加发型的丰富感。

STEP 16

一款优雅的成熟知性新娘发型便完成了。

案例二

STEP 02

采用三加一的方式编发。在编发的过程中，注意发量的取舍与编发的松紧度。一直编至头发1/3位置时，注意辫子的弧度要与头部的弧度相似。

STEP 03

将辫子编至头发长度1/2位置时，用橡皮筋固定头发。

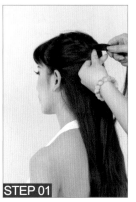

STEP 01

在左侧头顶取一股头发，并将其分成三股。

STEP 04

在右侧头顶相应地取一股头发，并将其分成三股。

STEP 05

用相同的方法将右侧的头发编辫，要保证左右辫子对称。

STEP 06

以三股辫的方式将中间剩余的头发编辫。

STEP 07

以三股辫的方发将左右两侧辫子剩余的发尾编辫，并用橡皮筋将其固定。

STEP 08

整理后区编好的三条辫子，使其保持在同一水平面上。

STEP 09

用卡子固定编好的三条辫子，以平行别头发的方法，将编好的辫子固定在同一水平面，并注意将卡子隐藏好。

STEP 10

用橡皮筋将固定好的辫子的发尾捆绑在一起。

STEP 11

将后区的辫子向内翻卷，翻卷的长度与肩部齐平。

STEP 12

用卡子固定造型，注意保持发型的光洁。

STEP 13

用电卷棒将刘海做内卷的卷发处理。

STEP 14

将装饰性的小花点缀在头发后区的中心位置，使整个造型更加饱满。

STEP 15

最后整理整个发型，使头发整齐、光洁。一款清新气质的成熟知性新娘发型便完成了。

7.6 简约时尚风格

现代的都市女性对于美的追求越来越个性化，简约却不简单，朴素却不失华丽，淡雅却不失色彩，这便是简约时尚新娘发型的精髓所在。下面就让我们一起来学习这款造型的技巧。

案例一

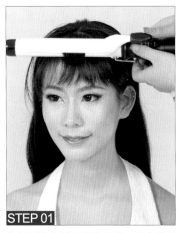

STEP 01

用尖尾梳将刘海梳理干净。将电卷棒预热1~2分钟，并对刘海做卷发处理。

STEP 02

取右侧顶部的一股头发，并将其分成三股。

STEP 03

用三加二的方式顺着右侧顶部向右编发。

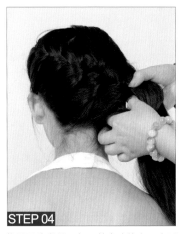

STEP 04

将后区头发用三加二的方式编出一个弧形，一直编至右耳处。

STEP 05

将剩下的头发以三股辫的方式编发，一直编至发尾处结束，再用橡皮筋将发尾捆绑固定。

STEP 06

将捆绑好的头发向上以内卷的方式卷裹。用卡子向内与头发呈45°角内别，将内卷的头发固定。

小贴士

将头发固定好之后，可以用手轻轻地拉扯包发，让辫子松散一些，使造型看起来更加具有蓬松感和层次感。

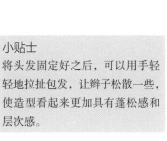

STEP 07

将适量的珍珠钗固定在辫子的空隙位置，增加发型的饱满度。

STEP 08

一款简约时尚的侧编式新娘包发便完成了。

案例二

STEP 03

一边将头发向上梳理，一边用发胶固定造型，然后用橡皮筋将马尾固定。将刘海用鸭嘴夹固定。

STEP 04

取马尾的一股头发，并用尖尾梳梳理。

STEP 05

轻轻拧转梳理好的头发，用手轻拉头发，使其变得蓬松。

STEP 01

将头发随意捆绑成马尾，并将发尾分成片状，用电卷棒做电卷处理。

STEP 02

将电卷后的头发散开，并用尖尾梳将头发梳理柔顺，然后将头发在后区梳理成一个高马尾。

STEP 06

用卡子将头发固定在头顶位置。

STEP 07

用相同的方法取马尾处的头发，轻拧后拉扯头发，使其蓬松。

STEP 08

用卡子将其固定在头顶，并做成一个花苞型。

STEP 09

在头顶喷上适量的发胶。

STEP 10

用相同的方法对整个马尾进行拧转并固定，做成一个花苞状。

STEP 11

在花苞上喷上发胶，在喷发胶的同时用手向上拉扯花苞，使花苞更加蓬松。

STEP 12

取下刘海处的鸭嘴夹。将电卷棒预热后，以外卷的方式将刘海部分做卷发处理。

STEP 13

用尖尾梳将刘海打毛，以增加刘海处的蓬松度。

STEP 14

再用尖尾梳将刘海梳理干净。

STEP 15

将适量发胶喷在刘海位置，做固定处理。

STEP 16

选择花朵状发带，并将其围着花苞做装饰。

STEP 17

经过发带装饰的发型更加丰富。一款气质亮丽的简约时尚新娘发型便完成了。

案例三

STEP 03

用卡子简单地固定后区分出
的两部分。

STEP 04

取刘海区的头发,并将其分
成几个发片,用尖尾梳将发
片打毛,以增加刘海区头发
的蓬松度。

STEP 01

用尖尾梳分出刘海区,并将
刘海分成一个三角区域。注
意将分区线条处理干净。

STEP 02

将后区的头发分成发量相等
的左右两部分。

STEP 05

将刘海做成一个小的发包状，并将其用卡子固定。再在发包上喷适量的发胶，以保持发包表面整洁、干净。

STEP 06

用尖尾梳简单地整理后区左侧的头发。为了保证做出的造型更加饱满，用尖尾梳将头发打毛。

STEP 07

用尖尾梳将打毛的头发梳理整洁。

STEP 08

在头发上喷上适量的发胶。

STEP 09

将后区左侧的头发用手握在一起，以向内旋转的方式将头发整体向上盘起。

STEP 10

用卡子将盘发固定。为盘起的头发喷上发胶后，再用尖尾梳梳理盘发。

STEP 11

用相同的方法将后区右侧的头发打毛。

STEP 12

用尖尾梳将打毛的头发梳理整洁。

STEP 13

以相同的旋转向上卷裹的方式将右侧的头发盘起，要使左右两侧的盘发衔接自然，然后用卡子将盘发固定。

STEP 14

将电卷棒预热1~2分钟，将盘发后剩余的发尾部分做卷发处理。

STEP 15

用手轻轻地整理经卷发处理的发尾，使其贴合发型，保证发型的整洁度。

STEP 16

将额头吊坠饰品固定在头发上。一款气质优雅的简约时尚新娘发型便完成了。

7.7 清新田园风格

俏皮可爱的清新田园风格，是自然、清新的森系新娘的首选。这种风格成熟中透露着俏皮，可爱中又不失优雅，突显了新娘的可爱、活泼。

案例一

STEP 03

对顶部发片内侧做打毛处理，这样可以增加头发的支撑力，延长发型的保持时间。但要注意打毛的位置一般在发根附近。

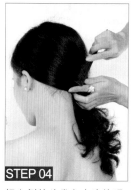

STEP 04

把左侧的头发向右边梳理，并将头发慢慢转向耳根以下。注意头发表面的整洁度。

STEP 01

用尖尾梳从左边的眉峰至右侧的眉尾分出刘海区，从高度来讲，刚好是在黄金分割点位置。刘海区分好之后，用卡子将其固定。

STEP 02

对头发左上部分分区，其目的是为了保证做出的发型使脑后部位看起来很饱满。

STEP 05

在头发表面喷洒少量发胶，保证头发表面的短发自然衔接。再用尖尾梳整理头发表面，使头发显得干净、整洁。

STEP 06

调整头发在右侧的高度，将尖尾梳的角度控制在35°到40°。

STEP 07

对刘海发片进行处理，用刘海包住额头，并将其位置控制在右侧眉尾上方附近位置。

STEP 08

用卡子固定刘海，以保证刘海的弧度。

STEP 09

在耳根附近做一个固定点，将头发向上转折，增加发型的俏皮感。

STEP 10

取下夹住刘海的卡子，并对一些发丝做调整，使刘海伏贴且柔顺。

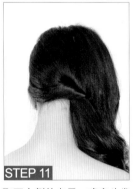

STEP 11

取下右侧的卡子，确定头发的位置后，再用卡子将其固定。

STEP 12

用25号电卷棒为集中在右侧的头发做微卷处理，增加新娘俏皮、甜美的感觉。

STEP 13

卷发的时候要理顺头发。电卷棒要向内转动，其位置要垂直向下，这样卷出来的头发才更加干净、立体。

STEP 14

用手稍稍整理做完卷发处理的头发，可以喷上少许发胶，以减少短碎头发对发型的影响，让头发更加整洁。

STEP 15

将白色蕾丝带用卡子固定在头发的后区，注意将卡子隐藏好。

STEP 16

将花饰固定在蕾丝带上，并用卡子别好。一款清新田园新娘发型就完成了。

案例二

STEP 01

用尖尾梳将头发分区，并分出刘海发片。

STEP 02

将刘海发片用尖尾梳打毛，以增加刘海的蓬松感。

STEP 03

将打毛的刘海用卡子轻轻固定在头顶位置，将刘海整理成蓬松状。

STEP 04

将电热棒预热3分钟，并对刘海的头发做内卷处理。

STEP 05

用发胶为刘海定型。

STEP 06

将后区的头发集中到右侧，并将其均匀地分成三股。

STEP 07

用三股辫的方式进行编发。

STEP 08

将头发一直编辫至发尾，并用橡皮筋将其捆绑牢固。

STEP 09

用手轻轻拉扯编好的辫子，以增加辫子的蓬松感和凌乱感。

STEP 10

为头发喷上适量的发胶，为其做定型处理。

STEP 11

将白色的花朵佩戴在新娘左耳上方的位置。

STEP 12

将橘色的花朵佩戴到白色花朵的上方。

STEP 13

将粉色的花朵用卡子固定在发尾处。

STEP 14

用电卷棒对发尾的头发再次进行卷发处理。

STEP 15

最后整理整个发型，并保持发型的整洁。一款俏皮可爱的清新田园新娘发型便完成了。

案例三

STEP 01

用尖尾梳的梳尾将头发顶部进行V字形分区。注意把分区的线条分干净。

STEP 02

取头顶的发片，并将其用尖尾梳打毛，以增加头发的蓬松感。

STEP 03

用尖尾梳初步比对并调整头顶处头发将要固定的位置。

STEP 04

用尖尾梳将打毛后的头发表面轻轻地梳理光洁。

STEP 05

用黑色的卡子将打毛的头发固定在后区位置。固定时，注意造型的弧度。

STEP 06

在左侧沿着耳朵的位置取一股头发，然后将其分成三股并编发。

STEP 07

用两股加一的方式编发。

STEP 08

继续用两股加一的方式，一直编到脑后的末端位置。

STEP 09

将编好的辫子向内卷裹后，在头发的后区用卡子将其固定。

STEP 10

在右侧沿着刘海的位置取一股头发，然后将其分成三股并编发。

STEP 11

从刘海位置以三加一的方式编发。

STEP 12

编发的过程中，注意发辫的松紧度，要保持辫子的松紧均匀。

STEP 13

将辫子后端的头发用三股辫的方式一直编至发尾处。

STEP 14

用橡皮筋将辫子的末端捆绑好。

STEP 15

以内旋转的方式向上旋转编好的头发。

STEP 16

用卡子将头发固定好，并用头发将卡子遮盖住。

STEP 17

用尖尾梳梳理后区剩余的头发。

STEP 18

将剩余的头发用尖尾梳的梳尾平均分成两股。

STEP 19

用三股辫的方式将右侧的头发编辫，并用橡皮筋将其捆绑牢固。

STEP 20

用相同的方式将左侧的头发编辫。

STEP 21

将编好的两股辫子以内卷的方式向上盘发，并用卡子将其固定。要注意将卡子隐藏好。

STEP 22

用电卷棒对刘海剩余的头发做卷发处理。

STEP 23

将鲜花配饰装点在盘发的上方。

STEP 24

最后对整个发型进行整理。一款侧编鲜花造型的清新田园新娘发型便完成了。

7.8　甜美鲜花风格

　　将新娘的发饰之美与大自然的清新之美很好地结合起来是这款甜美鲜花风格造型的精髓所在，大自然塑造了娇艳迷人的花朵，而造型师塑造了别致甜美的新娘发型。让我们一起来学习这款甜美鲜花风格的新娘发型吧！

案例一

STEP 01

将头顶部分的头发分成横片，并将其分层打毛。

STEP 02

用电卷棒将全部头发一正一反内扣电卷。

STEP 03

喷发胶将头发定型，特别是针对发尾处，可以使其长时间都不会变形。

STEP 04

用手从头发根部往外抓，使电卷的头发更松散，且显得更加自然。

STEP 05

用尖尾梳继续将两侧的头发打毛，使其更加蓬松，并且将头发尽量往后收拢。

STEP 06

以拧的方式将左侧耳后方的头发往后区拧。

STEP 07

用卡子将左侧已经拧好的头发固定。

STEP 08

同样地，以拧的方式将右侧耳后方的头发往后区拧，用卡子将右侧已经拧好的头发固定。

STEP 09

将黄色的花朵佩戴在头发的右侧，使造型更显浪漫的气息。

STEP 10

将一朵粉红色的花朵点缀在黄色花朵的中间，使造型更加饱满。一个明艳活泼的甜美鲜花风格新娘发型便完成了。

案例二

STEP 01

用卡子将后区头发沿着后区底部横别。

STEP 02

用鸭嘴夹将刘海固定在右侧如图所示的位置，并上下各固定一处。

STEP 03

将固定的刘海沿着后区横别的位置继续用卡子横别固定。

STEP 04

用鸭嘴夹固定后区左侧的一股头发，并以尖尾梳的梳尾为轴，用卷筒的方式向上翻卷。

STEP 05

将翻卷后的头发用卡子固定。注意将卡子隐藏好。

STEP 06

在固定好的卷发右侧取同等发量的头发，继续以卷筒的方式将其翻卷并固定。

STEP 07

用相同的方法继续操作，在固定好的卷发右侧取同等发量的头发，翻卷并固定。

STEP 08

继续将后区右侧的剩余头发翻卷并固定，使整个后区呈一条弧线。

STEP 09

用尖尾梳梳理刘海，尤其对其发尾的梳理。

STEP 10

将啫喱水喷洒在发尾处。

STEP 11

由于刘海剩余的头发偏长，所以用橡皮筋将发梢捆绑起来，以便卷裹头发。

STEP 12

将头发以卷筒的方式卷裹后，固定在耳朵下方。

STEP 13

为整个发型喷上发胶，保持发型的光洁。

STEP 14

取下固定在刘海位置的鸭嘴夹，并用尖尾梳的梳尾将刘海整理出一个弧度。

STEP 15

将鲜花零星地插在后区头发的接隙处。一款清新甜美的鲜花新娘发型便完成了。

STEP 01

用尖尾梳将头发分成上下两个区域。注意将分区的线条梳理干净。

STEP 02

用手握住上侧头发的中间位置，并将头发轻轻扭转，然后用鸭嘴夹将其固定在头发后区偏左的位置。

STEP 03

将后区下方的头发用尖尾梳梳理好后，将其扎马尾。

STEP 04

在头发后区将马尾做成一个花苞，并用卡子以内别的方式将其固定。

STEP 05

再将马尾的发尾继续向后包裹，做成苞状，并用卡子将其固定。

STEP 06

用手轻轻地撕扯花苞，使其成为一个放射状的花苞。

STEP 07

取上区右侧的一股头发，并将其以三股辫的方式编辫，然后将其缠绕后区的花苞，并用卡子将其固定。

STEP 08

再取右侧偏上方的一股头发编辫，并将其围绕着花苞固定。

STEP 09

取花苞上方的头发继续编辫，并将其固定在头发的后区。

STEP 10

将编好的辫子以互相交错的方式固定在花苞的后方。

STEP 11

再取左侧区域的头发，并将其以外卷的方式向花苞上方卷裹。

STEP 12

用卡子将向上翻卷的造型固定。

STEP 13

继续取左侧区域的头发，以三股编发的方式编辫，并将其固定在发包的周围。

STEP 14

继续取左侧靠前方位置的头发编辫。编辫时尽量使盘发看起来凌乱而蓬松。

STEP 15

依次将左侧区域剩下的头发编辫并固定，直到将剩余的头发编完为止。

STEP 16

用电卷棒将右侧剩余的刘海电卷。

STEP 17

用相同的方法对左侧剩余的刘海电卷。

STEP 18

将康乃馨的花瓣一片一片地放在右侧头发的空隙处。

STEP 19

将花瓣依次放在左侧头发的空隙处，以增加发型的色彩感和丰富度。

STEP 20

然后将康乃馨的花朵固定在头发的左下方。

STEP 21

一款清新亮丽的高发髻甜美鲜花新娘发型便完成了。

7.9　高雅白纱风格

以白纱为配饰的新娘发型给人圣神与纯洁的感觉。这款造型将气质、优雅和圣洁融于一体，让新娘如同坠落凡间的天使，这便是高雅白纱风格新娘发型的魅力所在。下面就让我们一起来学习吧！

案例一

STEP 03

用三加一的方式对头发编发。在编辫的过程中，注意将辫子编得松散一些。

STEP 04

在编发过程中，注意一边编发，一边用手轻拉编好的头发，将辫子撕拉出沿着发际线的弧度的造型，以更好地修饰脸形。

STEP 01

用尖尾梳将头发四六分区。

STEP 02

取分区后右侧刘海的一股头发，并将其随意地分为三股。

STEP 05

将辫子编到右耳处时，注意将辫子向后收拢。

STEP 06

将头发侧面编完后，发尾处的头发用三股辫的方式继续编发。

STEP 07

将头发编至发尾，并留出5厘米左右的发尾，并用橡皮筋将其捆绑。

STEP 08

在编发过程中，注意将一些小碎发用卡子别紧。

STEP 09

取左区的一小股头发，并将其随意地分成三股。

STEP 10

用三股辫的方式一直编至发尾。

STEP 11

将编好的两股辫子用橡皮筋捆绑在一起。

STEP 12

选择26号或28号的电卷棒，对发尾处进行卷发处理。

STEP 13

在经过卷发处理的发尾部分喷上适量的发胶，保证发尾卷度更持久。

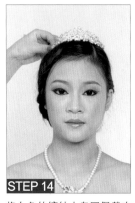

STEP 14

将白色的镶钻小皇冠佩戴在头顶位置。

STEP 15

用白色的短头纱装饰发型。

STEP 16

最后对头纱进行简单的整理，使其整洁而蓬松。一款气质优雅的高雅白纱新娘发型便完成了。

案例二

STEP 01

将刘海区的头发分区，并取刘海右侧少量的头发。

STEP 02

采用三股辫的方式将所取的头发编发。

STEP 03

用橡皮筋将已经编辫完成的发尾固定。

STEP 04

取右耳上方的一小撮头发，并且用手轻轻地将其打理柔顺。

STEP 05

同样采取三股辫的方式将所取的头发编发。用橡皮筋将已经编辫完成的发尾固定。

STEP 06

选取刘海左侧少量的头发。

STEP 07

同样采用三股辫的方式将其编发，并用橡皮筋将已经编好的头发的发尾固定。

STEP 08

取左耳上方的一小撮头发，然后用手轻轻地将头发打理柔顺。

STEP 09

采取三股辫的方式将所取的头发编发，编发完成后，用橡皮筋捆绑发尾处，并将其固定。

小贴士

在编发前应注意取发不能取量过多。在编发的过程中，辫子要尽量编得松散，这样编出来的效果才显得自然。另外，编发时，应该根据新娘具体的头型选用不同的编发方向。

STEP 10

用尖尾梳将前方发顶区的头发从根部打毛，增加蓬松感，并且顺着刚才编的辫子进行衔接。

STEP 11

将右侧部分头发及编好的辫子一起往中间横拉。

STEP 12

用卡子将横拉好的头发固定。

STEP 13

将左侧部分头发及编好的辫子用尖尾梳打理整洁。

STEP 14

以拧的方式将所取的头发往后方拧。

STEP 15

用卡子将其固定在头部的后方。

STEP 16

将剩下的头发分成左右两份，并取左边部分的头发。

STEP 17

将头发向上拉至中间偏右的位置。

STEP 18

用卡子将头发固定在后区中部，保留发尾，并使其垂于头部的后方。

STEP 19

同样将右边部分的头发向上拉至中间偏左的位置，并用卡子将其固定在头发的中部，保留发尾，并使其垂于头部的后方。

STEP 20

用尖尾梳将垂下的发尾打毛，以增加蓬松感。

STEP 21

用卡子将左右两侧垂下的部分发尾固定，使整个发型看起来更加自然随意。

STEP 22

将单层头纱对折，然后将其固定在头发的顶区。

STEP 23

最后整理好整个发型的轮廓。一款庄重自然的头纱式新娘发型便完成了。

7.10 复古典雅风格

犹如微笑的蒙娜丽莎从油画里走出来一般，复古典雅风格的新娘发型往往给人一种典雅、庄重、精致的感觉。下面让我们一起来学习这款发型的精髓所在吧！

案例一

STEP 01

用尖尾梳梳理头发，并将头发整体向偏右位置梳理。

STEP 02

用橡皮筋将后区的头发固定，并扎成一个侧面的马尾。

STEP 03

将电卷棒预热1~2分钟，并用电卷棒将马尾电卷。

小贴士

在进行电卷处理时，要将马尾分成若干股，并分别电卷，而且头发缠绕电卷棒的方向要一致。

STEP 04

将经过电卷处理的头发分开呈放射状。

STEP 05

用卡子将分开的头发内别固定。

STEP 06

将发尾缠绕在马尾周围，做成发包的形状，头发尽量凌乱一些。

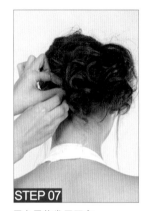

STEP 07

用卡子将发尾固定。

STEP 08

用发胶对发包进行定型处理，并用手轻轻拉扯发包，使发包更加蓬松，再喷上发胶。

STEP 09

用电卷棒对右侧刘海进行卷发处理。

STEP 10

用电卷棒对左侧刘海进行卷发处理，并用发胶进行固定处理。

STEP 11

将蕾丝发带轻轻地佩戴在刘海的后侧，并用卡子将其固定。

STEP 12

一款复古典雅的新娘发型便完成了。

STEP 01

沿着额头上延线为头发分区，注意将头发的分区线分干净。

STEP 02

用尖尾梳将头顶分区完成后的头发打毛，以增加头发的蓬松度。

STEP 03

用尖尾梳将打毛后的头发梳理整洁。

STEP 04

用卷筒的方式以食指为轴，将头发向内卷裹。

STEP 05

用卡子将头发固定。

STEP 06

取右侧的一股头发。

STEP 07

用尖尾梳将头发打毛。

STEP 08

以同样的卷筒方式将头发向上卷裹，并用卡子将其固定。

STEP 09

取左侧的一股头发，在取发量时注意与右侧的对称。

STEP 10

用尖尾梳将头发打毛。

STEP 11

以同样的卷筒方式将头发向上卷裹。

STEP 12

用卡子将卷裹的头发固定。

STEP 13

用卡子将后区的造型以内别的方法固定。用尖尾梳梳理后区剩余的头发。

STEP 14

将后区的头发以同样的方式打毛。

STEP 15

用尖尾梳梳理打毛后的头发，并将其梳理整洁。

小贴士

为了增加头发的蓬松度，并让头发看起来更有支撑点，将后区中部的头发打毛得更蓬松一些。

STEP 16

将后区剩余的头发向上提拉，以卷筒的方式将其卷裹。

STEP 17

用卡子将卷裹好的头发固定在头顶的中间位置。

STEP 18

用尖尾梳取适量的发胶，并轻轻梳理已经卷裹完成的头发，以处理细小的碎发，使头发更加整洁。

STEP 19

在整个发型喷上适量的发胶。

STEP 20

将绿色的叶子装饰物固定在头发的右侧位置。

STEP 21

将白色羽毛饰品固定在叶子装饰物上。

STEP 22

最后对整个发型的整洁度进行处理。一款简单、气质的复古典雅的新娘发型便完成了。

7.11　粉嫩萌妹风格

　　长相甜美、装扮粉嫩，而且长着一张娃娃脸的萌妹子是这款粉嫩萌妹系列的首选，而这款发型也是为这样的新娘量身定制的。下面就让我们来学习如何打造这款减龄的发型吧！

案例一

STEP 01

将头发分区，然后用小号电卷棒横着将刘海区的头发进行卷发处理。

STEP 02

用小号电卷棒将顶发区的头发以同样的方式做卷发处理。

STEP 03

用小号电卷棒竖着将后区的头发进行卷发处理。

STEP 04

用尖尾梳分出刘海区前端的头发，然后对其进行整理。

STEP 05

用尖尾梳分出顶发区部分的头发，并将其打毛，以增加顶发区头发的蓬松度。

STEP 06

将发胶均匀地喷洒在顶发区和刘海区的头发上，做定型处理。

STEP 07

取后区适量的头，并用手将其向后蓬松地收拢。

STEP 08

用卡子将收拢的头发固定。

STEP 09

取顶发区右侧适量的头发，并将其用手稍稍整理，然后向后收拢。

STEP 10

用卡子将其固定。

STEP 11

取顶发区左侧适量的头发，并用手稍稍整理后，将其向后收拢。

STEP 12

用卡子将其固定在后区适当的位置。

STEP 13

将右边耳后所有的头发向后收拢，然后用卡子将其固定。

STEP 14

将选择好的配饰佩戴在头顶处，使整个造型更加饱满。

STEP 15

最后对整个造型进行细节的处理。一款优雅的粉嫩萌妹的新娘发型便完成了。

STEP 01

对头发进行分区处理，用尖尾梳将头发分为左、中、右三个区域。

STEP 02

将后区的头发用尖尾梳向上梳理，并将其扎成一个马尾。注意头发的整洁度。

STEP 03

轻轻拉扯后区的头发，并喷上适量的发胶，做定型处理。

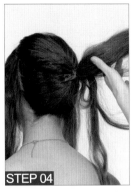

STEP 04

将马尾分为发量不均等的两股。

STEP 05

将朝上的一股头发用尖尾梳梳向后区左侧，做成一个发包，并将发尾向内卷入头发里。

STEP 06

用卡子对发包周围的头发分别固定。

STEP 07

用尖尾梳将刘海进行三七分。

STEP 08

在头发的左区取一股头发，并将其分为三股，用三股辫的方式将头发编辫。

STEP 09

将辫子一直编至发尾，并用橡皮筋将其固定。再将辫子沿着额头向右侧固定。

STEP 10

继续在头发的左区取一股头发，并用三股辫的方式将头发编辫。

STEP 11

将辫子沿着左侧的发包进行包裹，并将辫子以内别的方式固定在发包的下方。

STEP 12

取左区剩下的头发，并将其用三股辫的方式编辫。

STEP 13

将编辫完成的头发向上包裹发包，并用卡子将其固定在发包的上方。

STEP 14

在头发右区取一股头发，并将其分为三股，用三股辫的方式将头发编辫。

STEP 15

将辫子沿着左侧对发包的上方进行包裹，然后将辫子以内别的方式固定在发包的侧面。

STEP 16

取右侧上方的一股头发，并将其分成三股，以三股辫的方式编辫。

STEP 17

将编辫完成的头发缠绕在发包的上方，并用卡子将其固定。

STEP 18

将马尾剩余的头发分为三股，以三股辫的方式编辫。

STEP 19

将编完的辫子向左沿着发包进行包裹，并用卡子内别并固定。

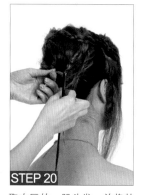

STEP 20

取右区的一股头发，并将其以三股辫的方式编辫。

STEP 21

将编好的辫子沿着发包下方缠绕，并用卡子将其固定在发包的下方。

STEP 22

取右区剩下的头发，并将其分为三股，以三股辫的方式编辫。

STEP 23

将编完的辫子固定在发包中间，以增加整个编发造型的饱满度。

STEP 24

最后整理好耳边的一小股头发。一款活泼乖巧的高发髻编发便完成了。

7.12 优雅女神风格

谁不愿做心上人心中唯一的优雅女神呢？低头不语的羞涩，回眸一笑的绚丽，这便是优雅的女神风格。下面让我们一起来学习优雅女神新娘发型吧。

案例一

STEP 01

将头发分为顶发区和后区，然后在头顶分出适量头发。

STEP 02

用小号电卷棒将顶发区的头发做卷发处理，以增加头顶发量。

STEP 03

取刘海并将其适量分份，用鸭嘴夹将分好的头发稍微固定。

STEP 04

用电卷棒对稍长的刘海采用竖卷的方式进行处理。

STEP 05

在处理完所有的头发后，取适量的头发，并用电卷棒将其做卷发处理。

STEP 06

取后区中间部分适量的头发，并将其向后收拢，然后用卡子将收拢的头发固定。

STEP 07

在该部分头发上均匀地喷上发胶，做定型处理。

STEP 08

取顶发区右侧少量的头发，并将其以拧的方式向后收拢。

STEP 09

用卡子将头发固定之后，喷上发胶做定型处理。

STEP 10

继续取顶发区右侧少量的头发，并将其以拧的方式向后收拢。

STEP 11

在左侧耳朵上方取适量的头发，将其混入之前收拢的头发中，并继续将头发向后收拢。

STEP 12

将收拢好的头发向里包裹，形成一个蓬松的发包。

STEP 13

将左侧的头发向发包中收拢，并用卡子将其固定成型。

STEP 14

为后区造型佩戴上一串花朵，以丰富造型。

STEP 15

将一款小皇冠佩戴在头发的前区，然后对发型做细节的处理。一款优雅的女神系新娘发型便完成了。

案例二

STEP 01

将头发分区，分为刘海区、后区和下发区。

STEP 02

将后区打成一个蓬松的发结，并将其简单地固定在头顶处。

STEP 03

用尖尾梳梳理下发区的头发，使其更加整洁。

STEP 04

将下发区的头发向后收拢,然后用橡皮筋将其固定。

STEP 05

将头发适量地分成几个部分之后,将它们向上裹成一个个花瓣状的小发包,并用卡子将其固定。

STEP 06

将裹成发包剩余的发尾放在小发包的上面,然后用卡子将其固定。

STEP 07

将后区的头发放下来,并用尖尾梳对其稍做梳理。

STEP 08

将小号电卷棒预热之后,将后区的头发一部分一部分地做卷发处理。

STEP 09

取已卷发完成的后区中部的头发,以卷筒的方式从发尾处向内卷曲。

STEP 10

用卡子将卷好的部分头发固定。

STEP 11

继续以卷筒的方式将后区左右两侧的头发向中部卷曲。

STEP 12

卷曲好后区所有的头发后,用手指稍稍将其拉松,使其看起来更加自然蓬松。

STEP 13

用卡子将头发固定，并使后区形成一个松散的发包。

STEP 14

将发尾部分的头发轻轻向上提拉至发包的中心处。

STEP 15

用卡子将发尾固定到发包中。

STEP 16

在发包部分喷上发胶，并用手对其进行整理，做定型处理。

STEP 17

用尖尾梳取右侧顶发区的头发，并将其梳理整洁。

STEP 18

将小号电卷棒稍微预热之后，对该部分的头发做向后的卷发处理。

STEP 19

将卷发完成后的头发向后区发包位置收拢。

STEP 20

用卡子将其固定好后，用手轻轻地处理该部分的头发，使头发更具蓬松感。

STEP 21

用电卷棒对刘海区右侧较长的头发做卷发处理。

STEP 22

继续用小号电卷棒对刘海区右侧的头发做向后的卷发处理。

STEP 23

将卷好的头发用手向后抓，并且喷上发胶，做定型处理。

STEP 24

用小号电卷棒将刘海区左侧的头发做向后的卷发处理。

STEP 25

将这部分的头发向发包处收拢，并用卡子将其固定。

STEP 26

用电卷棒对左侧刘海部分剩下的较长部分的头发做卷发处理。

STEP 27

将卷好的头发向后收拢，并喷上发胶，将其定型。

STEP 28

用卡子将已经收拢好的头发固定。

STEP 29

将羽毛配饰佩戴在造型的左侧，使整个造型显得更加饱满。

STEP 30

最后对整个造型进行细节处理。一款灵动气质的女神风格的新娘发型便完成了。

7.13　精致奢华风格

　　端庄的仪态配上强大的气场，浮夸的装饰配上高贵的眼神，这便是神秘优雅且令人羡慕的名媛风，而精致奢华的新娘发型正是对名媛风最好的诠释。让我们一起开始精致奢华风格新娘发型的学习吧。

案例一

STEP 01

将后区的头发捆绑成马尾，并用电卷棒对发尾分片进行电卷处理。

STEP 02

为了使碎发更加伏贴，在头发后区喷上适量的水。

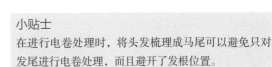

小贴士

在进行电卷处理时，将头发梳理成马尾可以避免只对发尾进行电卷处理，而且避开了发根位置。

STEP 03

用尖尾梳梳理头发，然后将头发扎成一个高高的马尾。注意马尾位于后区偏左侧的位置。

STEP 04

将头发梳理整洁后，用橡皮筋将其捆绑并固定。

STEP 05

在马尾的下方喷水，然后用尖尾梳向上梳理头发，使碎发更伏贴。

STEP 06

将马尾向刘海方向并向上翻转，然后用卡子将其固定。

STEP 07

在刘海位置喷上适量的发胶，并将其做成C形。

STEP 08

将发胶喷在马尾中部位置，使盘发更加蓬松。

STEP 09

将发胶喷在马尾后部位置，并用手轻轻拉扯。

STEP 10

用卡子将马尾固定，保证头发的稳定性。

STEP 11

在别上卡子的位置喷上发胶，保证别上卡子后不会影响造型的蓬松度。

STEP 12

将发饰轻轻地佩戴在左侧马尾捆绑橡皮筋处，这样不仅可以遮挡橡皮筋的不美观，还能使头发后区更加丰富。

STEP 13

将珠链饰品以绕圈的方式佩戴在头部的右侧，以增加造型的灵动感。

STEP 14

一款气质高贵的高发髻新娘发型便完成了。

STEP 01

用尖尾梳在头发中间位置分出一个V形区域，并将头发分为三个分区。

STEP 02

为中间部分的头发喷上适量的水，使头发更加伏贴，这样有利于编发。

小贴士

在编发造型中，为了使头发伏贴，要尽量使用清水，而少用发胶。过多的发胶会使头发变硬，不利于编发。

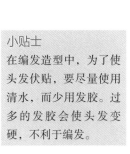

STEP 03

先取头顶中间的一股头发，并将其分成三股，然后使用三加二的方式编发。

STEP 04

一直编至发尾后，使用三股辫的方式编辫。

STEP 05

编完后，用橡皮筋将发尾固定。

小贴士

在编发过程中，注意辫子的松紧程度要适中，不宜太过松散，也不宜太紧。

STEP 06

为左侧区域喷上适量的清水。取头顶的一股头发，并将其分成三股。

STEP 07

继续采用三加二的方式编发。

STEP 08

一直编至发尾后，使用三股辫的方式编发，编完后用橡皮筋将发尾固定。

STEP 09

取右侧的一股头发，用相同的方法将其分成三股并编发，一直编至发尾处结束。

STEP 10

用橡皮筋将发尾捆绑并固定。

STEP 11

用卡子将左、中、右三个区域的头发平行别在一起。

STEP 12

用手轻轻地整理编发位置，保证左右对称。

STEP 13

喷上发胶，对头顶和后区进行定型处理。

STEP 14

将电卷棒预热1~2分钟后，对发尾进行电卷处理。

STEP 15

取发尾中的一股头发，并将其缠绕在橡皮筋的周围，将橡皮筋遮挡住。再将发尾用三股辫的方式编辫，并用橡皮筋将其捆绑并固定。

STEP 16

将发尾向内卷裹，然后用卡子将其内别固定。

STEP 17

在后区盘发处喷上适量的发胶，保证盘发的光洁。

STEP 18

将精致的珠钗以V字形点缀在后区的发辫上。

STEP 19

将水钻皇冠固定在头顶处。

STEP 20

经过饰品的点缀，头发造型更加饱满了。一款气质优雅的精致奢华的新娘发型便完成了。